中华青少年科学文化博览丛书·环保卷>>>

图说人类的健康与环境 >>>

中华青少年科学文化博览丛书·环保卷

图说人类的健康与环境

TUSHUO
RENLEI DE JIANKANG
YU HUANJING

吉林出版集团有限责任公司 | 全国百佳图书出版单位

图说人类的健康与环境

前 言

　　人类整个进化发展的历史实际上就是一个与疾病战斗的历史。长期以来，人们一直以为病治愈了就好，其实，很多病毒会对人体产生伤害。

　　由于目前世界上还没有能彻底消灭它们的灵药，因此病毒已成为吞噬人体健康的头号杀手。一个人每患一次病毒性疾病，就可能在体内埋下一次"折寿"的慢性毒药。

　　近来，一个叫"职业枯竭"的词常见于报端，其指的是由于职业所要求的持续情感付出，导致身心不堪重负所造成的身心枯竭状态。

　　有职业枯竭倾向的人常常表现为工作时注意力不集中，思维效率降低，自我评价下降，时常感到无能、失败，甚至消极怠工，对他人进行攻击等。这已经成为影响现代人健康的最重要的因素之一。

　　与此同时，全球有11亿人饱受大气污染的折磨，另有25亿人生活的空气已被严重污染，脏水如今已是城市居民最大的杀手，每年有500万至1 200万人死于与水污染有关的疾病。

　　人类生存的环境由于各方面的因素受到了前所未有的破坏，当然，最主要的破坏者还是人类自己。

　　哲学家海德格尔曾说过，人，应当诗意地安居。什么叫诗意？除却人文的因素，人类居所的诗意环境应当是水源洁净，空气清新，空气负氧离子适宜，气候宜人，无工业废水、废气、废渣、无垃圾及住所绿化程度达到60%以上。

　　想要活得健康，体育锻炼是促进人类寿命延长的最有效手段。锻炼是身体循环的好朋友，运动能使一个人保持肌肉的柔韧、身体平衡及匀称。在日常生活中，保持有规律的生活及适当持续洁净的性活动等，都是益寿延年的最佳生活方式。

　　而放纵自己行为的习惯，则是造成各类疾病及"人体亚健康"直至影响寿命的直接原因。同时要保持一种积极快乐向上的生活心态，快乐因子甚至能增加人类身体的抗体。

　　本书从不同的角度和层面介绍人类在探索环境与健康之间的联系时所必须考虑到的多种因素。

　　人类生存环境特别是医学地理学、经济学、人类学、法律研究、公共卫生、公共政策和社会学等，通过一些事例，讲述环境与健康之间的重要意义。

目录

第一章
金属元素——威胁人类健康的化学毒素
你了解人体的微量元素吗？ ………………………9
"血铅事件" ……………………………………11
"镉污染事件" …………………………………12
"砷污染事件" …………………………………14
"福建紫金矿业溃坝事件" ……………………17
"铊污染门" ……………………………………17
汞对人体健康的影响 …………………………18

第二章
噪音——给人类带来烦恼的声音
史上最残忍的"噪声危害实验" ………………20
人类为了生存将要与噪声奋斗 ………………21
噪音致人死亡案件 ……………………………23
噪声对人体的危害 ……………………………25
噪声对作业人群的影响 ………………………27
你知道"低频噪声"吗？ ………………………28
室内噪声源有哪些？ …………………………31

第三章
辐射——杀人于无形
电磁辐射污染 …………………………………33
"历史上最严重的核事故" ……………………35
核辐射致癌 ……………………………………37
辐射的海洋 ……………………………………39
我们身边所有的物品都有辐射 ………………41
大理石也有辐射 ………………………………42
"电离辐射" ……………………………………43

第四章
高原——考验人体承受力的自然环境
青藏高原"白内障" ……………………………45

目 录

高原旅游与人体健康 ················ 47
高原低氧症 ······················· 49
高原环境特点 ····················· 51
高原病 ·························· 52
进入高原前的准备 ················· 54
高原肺水肿 ······················· 55

第五章
振动——容易被忽视的"健康杀手"
低频振动 ························ 57
噪声的孪生兄弟——振动污染 ········ 59
地震和海啸是自然界振动 ············ 60
振动对人体的影响 ················· 61
音响也是"振动污染" ·············· 63
全身振动与局部振动 ··············· 64
人为振动污染大于自然振动危害 ······ 66

第六章
水污染——人类生存环境的"头号杀手"
细数水污染的危害 ················· 68
中国水污染事件大盘点 ·············· 70
水污染"黑洞" ··················· 73
水污染分类 ······················ 75
涪江污染事件 ···················· 76
未来，水比石油昂贵 ··············· 77
沱江"3.02"特大水污染事故 ········ 78

第七章
土壤环境——人类赖以生存的空间

"癌症村" ························ 80
"耕地已死"不是骇人听闻 ··········· 82
世纪之"痛" ····················· 84
客土：置换被污染的土壤 ··········· 85

目 录

偷倒毒垃圾被判刑 ················87
全国2 000万公顷耕地遭重金属污染 ···88
土地成最后的"垃圾箱"？ ············90

第八章
光污染——美丽外衣下的"环境杀手"
是谁"偷"走了夜空？ ··············92
光污染带来的伤害 ················92
"白光污染" ·····················95
灯光是一种毒品 ··················96
漂亮瓷砖易造成视觉污染 ············97
"洛杉矶光化学烟雾事件" ············99
身体不感光，美食来帮忙 ············101

第九章
热环境——高温热浪下的生存空间
什么是"热环境"？ ················103
高温与中暑 ·····················104
高温天气 ·······················105
高温热浪带来的危害 ···············107
水体热污染 ·····················109
城市"热岛效应" ·················110
温室效应 ·······················111

第十章
大气环境——给呼吸一个自由的空间
悬浮颗粒物污染 ··················114
氮氧化物污染 ···················115
二氧化硫污染 ···················117
一氧化碳污染 ···················119
英国伦敦烟雾事件 ················120
美国多诺拉烟雾事件 ···············123
洛杉矶空气污染致癌率为全美之冠 ······124

目录

第十一章
石油污染——海洋里流着人类的眼泪
- 石油污染对海洋的危害 …………………… 126
- "英国海域石油污染事件" …………………… 128
- 石油污染绝大部分来自人类活动 …………… 129
- "海湾战争石油污染事件" …………………… 132
- 阿拉斯加石油污染 …………………………… 133
- 渤海污染成"死"海 …………………………… 134
- 石油遮住了海洋的脸 ………………………… 136

第十二章
食品安全——我们已进入了"食毒时代"
- "不安"的食品企业 …………………………… 138
- 纽约"泔水奶"风波 …………………………… 139
- 由乱到治的日本 ……………………………… 141
- 致命汉堡 ……………………………………… 142
- "金米"骗局 …………………………………… 144
- "三鹿奶粉事件" ……………………………… 145
- "肯德基苏丹红事件" ………………………… 146

第十三章
雾霾——最新的"环境杀手"
- 雾与霾 ………………………………………… 148
- 霾与雾的区别 ………………………………… 150
- 雾霾危害健康 ………………………………… 153
- 北京雾霾"比糟糕透顶更糟" ………………… 154
- 雾霾来时的自我防护 ………………………… 154
- 环境保护的重要性 …………………………… 155
- 与烟雾病有关的基因 ………………………… 157
- 治理雾霾多国有高招 ………………………… 158

第1章 金属元素
——威胁人类健康的化学毒素

1. 你了解人体的微量元素吗？
2. "血铅事件"
3. "镉污染事件"
4. "砷污染事件"
5. "福建紫金矿业溃坝事件"
6. "铊污染门"
7. 汞对人体健康的影响

▎你了解人体的微量元素吗？

微量元素就是矿物质元素，它是人体生命所需的六大营养素之一，在地球60千米厚的地壳中，有92种天然元素，其中的81种在人体内也存在.。

在这些元素中，占人体总重量的99.95%以上的是由氢、碳、氮、氧、磷、硫、钙、镁、钠、钾、氯等11种元素组成的，称为宏量元素，这11种宏量元素的前6种是蛋白质、脂肪、碳水化合物与核酸的主要成分，后5种是体液的必需成分。占人体重量不足万分之一的元素称为微量元素。

研究证实，有14种微量元素是人体所必需的，它们是铁、锌、铜、钼、铬、锰、硒、钴、氟、碘、镍、钒、锡、锶。这些必需的微量元摄入量也不可过多，多了会产生毒性作用。有些微量元素，如铅、汞、镉等，对人体不仅有害，还会造成危险，如铅中毒，镉中毒等。

镁是人体必需的宏量元素之一

含有丰富微量元素的食物

微量元素是体内重要的载体及电子传递系统,它参与激素和维生素的合成,能影响内分泌系统。

体内众多的酶均需微量元素参与并激活,它还能调控自由基的水平。事实证明,任何一项元素不足或过量都会使人患病,新陈代谢生长发育受到影响。

例如,锌是一切生物必需的微量元素之一,儿童缺锌,就会厌食昏睡,脑迟钝,长不高,精神发育迟缓,烦躁易怒,多动,注意力缺陷综合症等,儿童缺铁则可引致贫血,食欲减退,免疫力低下,直接影响生长发育,老年人缺铜可造成贫血,白发,反应迟钝等,缺碘会造成甲状腺病变,还会影响智力的发展。

人体微量元素的关键在于平衡和齐全,缺乏或过多都会发生健康问题,甚至患上奇难杂症。如高血压病患者体内大多数缺乏锗、铜、钴、铁几种元素,体

富含锌的食物

内增多了锌、镉和铅元素，老年性白内障患者大多缺锌、锂、铬、硒、硅、锡元素，而多了铜、镁和钙元素。

▨ "血铅事件"

2009年7月下旬至8月7日，凤翔县长青镇马道口村、孙家南头村200多名儿童在医院自行检查血铅，其中138人血铅超标。环保部西北督查中心、省环保厅联合督办调查组初步判定，造成凤翔多名儿童血铅超标的主要污染源是陕西东岭冶炼公司的涉铅企业。

联合督办调查组现场检查了长青工业园区内的两家涉铅企业情况。监测人员对水体、大气、土壤等28个点位、66个样本分析，并在此基础上组织召开了事件污染源调查分析会，专家分析认为，造成这次血铅超标的可能因素有企业排污、汽车尾气、生活习惯等因素，但是事件发生地的陕西东岭冶炼公司是主要涉铅企业，本次应急监测数据显示，从项目建厂前后周边土壤环境比对分析，周围土壤存在铅含量上升的趋势，因此初步判定造成凤翔县多名儿童血铅超标的主要污染源为陕西东岭冶炼公司。

2009年8月，武冈市文坪镇一些村民的小孩在医院检查中发现血铅浓度超标，引发附近村民恐慌。

污染事故发生后，武冈市安排市环保局对附近一家精炼锰厂进行环境污染监测，并邀请湖南省、邵阳市环境专家取样监测，最终确定这家企业就是污染源。随后，政府对这家企业附近的横江、双江、宏顺、石井4个村14岁以内的儿童进行

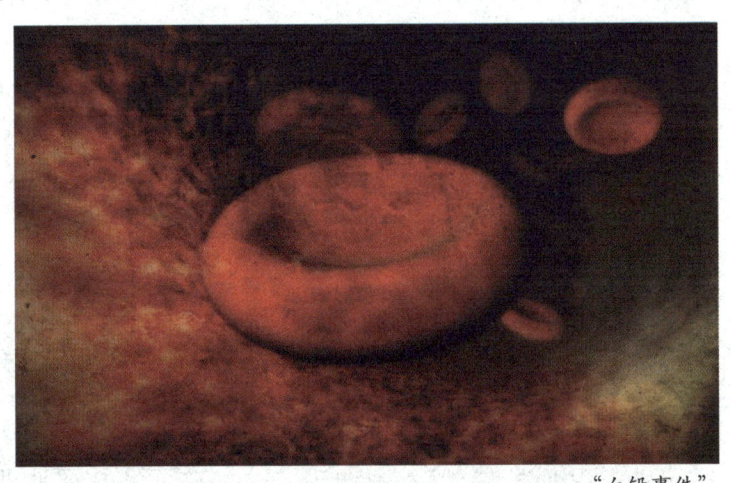

"血铅事件"

铅元素含量超标的土壤

免费检查，对达到中度中毒的儿童开展治疗。

当地政府组织检测的1 958名儿童中，有1 354人血铅疑似超标。目前，湖南省劳动卫生职业病防治所检测认定的高铅血症儿童38名，轻度铅中毒儿童28名，中度铅中毒儿童17名，没有重度中毒。作为污染源的武冈市精炼锰厂已被关闭，企业有关负责人已被刑事拘留或正被追捕，两名当地环保部门工作人员因失职而被立案调查。

2011年1—8月，全国发生11起重金属污染事件，其中9起为血铅事件。台州路桥"血铅村"发生地路桥区峰江街道上陶村。

3月中旬以来，上陶村查出172人血铅含量异常，其中包括53名儿童，罪魁祸首是当地一家蓄电池生产企业。"血铅事件"发生后，当地痛下决心，开展环境污染整治专项行动。这场"环保风暴"不仅刮向了台州铅酸蓄电池和电镀行业，还刮向了露天焚烧、小冶炼、场外废物拆解等多个污染行业。

如废旧金属拆解加工业，这一行业在台州已有30多年历史，当地已成为全国最大的废旧金属集散地和最大的电机拆解基地，有长三角"城市矿山"之称。

然而，废旧金属拆解业在缓解区域资源短缺、提高资源综合利用水平的同时，也造成了较为严重的环境污染。

台州的路桥区、温岭市是这一产业的集中地。金属垃圾分拆需占用大面积土地，分拆过程中还要用硫酸、盐酸浸泡，以去除金属表面残渣，而油污残渣中含有大量有害物质，有些直接进入土地表层，有些则散发在空气中，直接威胁群众身体健康。

"镉污染事件"

上海市天光化工厂25名一线操作工人接受职业健康检查时，8人发现尿镉超标，其中1人还出现血铅超标。天光厂地处上海中环与外环之间的桃浦工业园区，是一家国有独资企业，在国内最早开发生产无机颜料和搪瓷瓷釉。除了车间内操作工受到重金属感染外，天光厂还被发现存在含镉废水及含铅粉尘的超标排放。

8名员工中2人因疑似镉中毒，1人因疑似铅中毒，正在上海职业病医院接受入院治疗，另5人在接受3次检查后，依旧发现尿镉超标。

2011年10月普陀区卫生局的一次例行卫生监督检查中发现，天光厂生产岗位工人没有按照规定组织在岗期间的职业健康检查，并无法提供其工作场所职业病危害因素的检测报告。

据一位天光厂员工说，天光厂已有七八年没有组织过职业健康检查。普陀区卫生局的行政处罚下达后，天光厂组织了一次职业健康检查。

检查的结果让厂里的工人吓了一跳：一同参加体检的20人中，多位工人出现尿镉测定结果远高于5.0μmol/mol肌酐的接触工人的正常值，有严重者，测定结果为近四倍于正常值。而与体检同时进行的工作场所职业病危害因素检测报告让工人找到了镉超标的源头。

对于接触工人而言，镉主要是通过呼吸道进入人体内。而天光厂不仅是生产环境出现问题，在对职业病危险因素的接触岗位中，防护措施的缺失更是加剧了带有镉、铅等重金属的粉尘进入工人体内。

镉含量超标的土壤

镉

在2011年11月25日普陀区环保局对天光厂下达的行政处罚文件中显示,天光厂镉红污水治理车间传输水泵泄漏,高浓度镉废水未经处理而进入雨水管道至该单位总排放口,总排放口镉浓度为每升1.3毫克。

北江是珠江三大支流之一,也是广东各市的重要饮用水源。2005年12月15日北江韶关段出现严重镉污染,高桥断面检测到镉浓度超标12倍多。韶关地处北江上游,一旦发生污染将直接影响下游城市数千万群众的饮水安全。

经调查发现,此次北江韶关段镉污染事故,是由韶关冶炼厂在设备检修期间超标排放含镉废水所致,是一次由企业违法超标排污导致的严重环境污染事故。

"砷污染事件"

1. 湖南岳阳砷污染

2006年9月8日,湖南省岳阳县城饮用水源地新墙河发生水污染事件,砷超标10倍左右,8万居民的饮用水安全受到威胁和影响。最终经核查发现,污染发生的原因为河流上游3家化工厂的工业污水日常性排放,致使大量高浓度含砷废水

流入新墙河。

2. 贵州都柳江砷污染

2007年12月初贵州省黔南布依族苗族自治州独山县一硫酸厂在非法生产过程中,大量含砷废水流入都柳江上游河道,造成独山县基长镇盘林村等十余名村民轻微中毒,并造成下游三都水族自治县县城及沿河乡镇2万多人生活饮水困难。

经环境监测部门和疾控中心检测,都柳江河水砷浓度大大超过相关水质标准要求。从12月25日起,采用都柳江水源的三都县城水厂停止从都柳江取水,改用备用水源,但产水量大大下降,从原日供水400万千克降至30万千克。虽然黔南州、三都县采取了多项应急措施,包括从临近县调集消防水车从山区泉眼每天取水数百吨送至水厂和居民区,但仍远远不能满足当地居民的基本生活需要。

3. 云南阳宗海砷污染

阳宗海是云南九大高原湖泊之一,2002年以来,阳宗海水质已经连续6年保持优良。2008年,环保部门监测到阳宗海水体砷浓度出现异常波动。

经省环保局对阳宗海周边及入湖河道沿岸企业进行紧急检查,排查出8家企业有环境违法行为,并初步确定,阳宗海水体砷污染的主要来源是云南澄江锦业工贸有限公司,该公司违反国家规定,未建生产废水处理设施,大量含砷废水在厂内循环,由于没有做防渗处理,多年积累的砷污染物逐步渗漏释放,

砷污染的双手

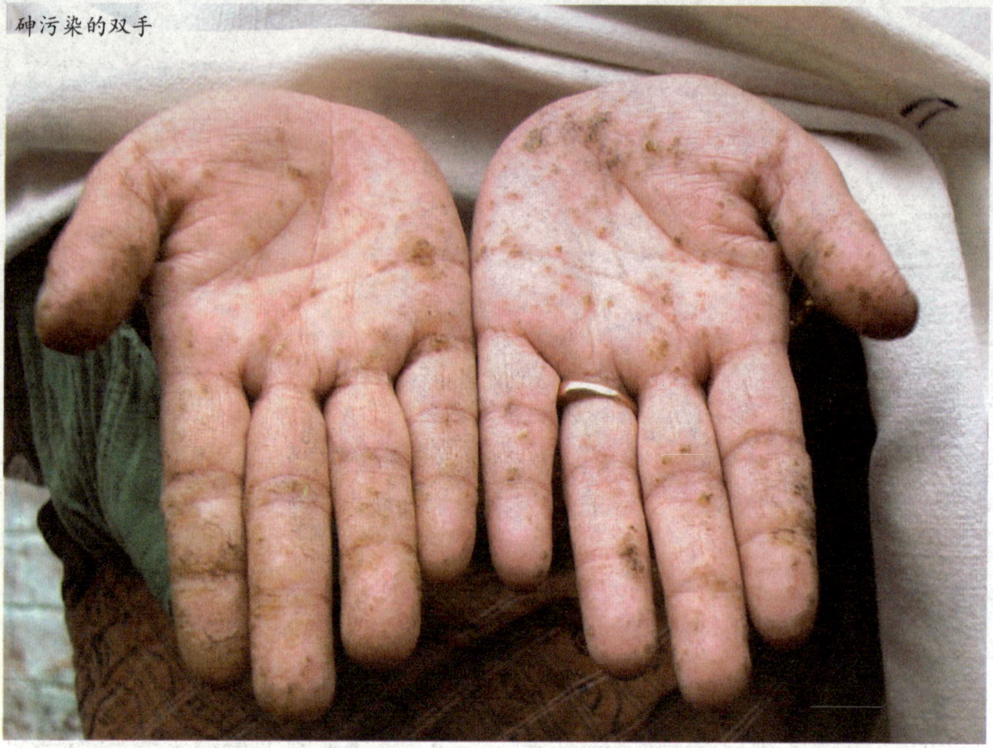

污染地下水,导致阳宗海水体严重污染。

4. 重金属污染湘江

作为"有色金属之乡"的湖南,采选、冶炼、化工等企业多分布于湘江流域,重金属污染由此而来。相当长时期内,湖南的汞、镉、铬、铅排放量位居全国第一位,砷、二氧化硫和化学耗氧量的排放量居全国前列。

作为湖南的母亲,湘江流域内4 000万人口的饮用水安全受到了威胁,湘江和湘江流域重金属污染的后果越来越严重:湘江流域局部的正常供水被打断威胁;因重金属超标危害人体健康的事故时有发生;鱼类大幅减少,数以千亩计的农田不能耕种,有相当地域的鱼类、粮食、蔬菜不能食用。

5. 山东临沂南涑河砷污染

2009年4月,山东亿鑫化工公司在未取得中国国家农业部颁发的生产许可证、产品批准文号,以及明知阿散酸产生的废水含有毒物质,未办理工商、环保等手续的情况下，非法生产阿散酸。在生产过程中，山东亿鑫化工公司将产生的大量含砷有毒废水排放在一处蓄意隐藏的污水池(池底作防渗处理)存放。7月20日、23日深夜，山东亿鑫化工公司为了节省处理污水费用，趁当地降雨，附近一河流水量增加之际，指使生产厂长、员工，用水泵将含砷量超标2.725万倍的生产废水排放到南涞河中，致使南涞河严重污染。

▣ "福建紫金矿业溃坝事件"

2010年7月3日福建紫金矿业，紫金山铜矿湿法厂发生酮酸水泄漏事故，事故造成汀江部分水域严重的重金属污染，紫金矿业直至12日才发布公告，瞒报事故9天，致使当地的居民无人敢用自来水。

紫金矿业溃坝事件是一件性质十分恶劣的环境污染事件，福建省环境保护厅对此环境污染事件开出了最大一笔罚单：对紫金山金铜矿环境违法一案，重罚"紫金矿业"956.313万元人民币，并责令其采取治理措施，消除污染，直至治理完成。

▣ "铊污染门"

2010年10月21日上午9:30股市开盘，中金岭南在没有任何预告的情况下突然停牌，正当人们纷纷猜测其停牌原因时。一则来自当地媒体的消息，揭开了停牌的原因。

这一次，给中金岭南惹事的是韶关冶炼厂的违规排污，致使北江

福建紫金矿业溃坝事件

铊污染

中上游河段出现铊超标。造成严重的水污染事件。中金岭南发表公告称由于违规排放引起的北江水污染事件，环保部门已责令其实施全面停产。

这已不是韶关冶炼厂第一次给中金岭南惹上环保方面的麻烦了，2005年韶关冶炼厂曾因违反操作规程，将未经过处理的污水直接排入北江，造成北江流域发生严重镉污染事件。韶关冶炼厂地处北江上游。他所造成的污染直接威胁下游城市数千万群众的饮水安全。

汞对人体健康的影响

吸入金属汞蒸气，出典型中毒症状外，还可引起肝、肾、心、肺和结肠的严重损害。汞蒸气可引起接触性过敏性皮炎，无机汞化合物主要引起肾损害，并可由胃肠损害表现及肝细胞变性。有机汞的毒性较金属汞和无机汞大，主要表现为中枢神经系统的损伤。

神经毒性：汞化合物对神经系统的损伤可以注明的环境公害病——水俣病为典型的例子，有机汞化合物的神经系统毒性主要表现为运动失调、语言障碍、视野缩小、听力障碍、感觉障碍及精神症状，严重者可以出现瘫痪、肢体变形、吞咽困难，甚至死亡。慢性中毒者主要表现头痛、睡眠障碍、记忆力降低、幻觉和情绪改变。

对免疫系统的影响：短期内吸入高浓度汞蒸气(>1.0毫克)，出现类似金属烟热、支气管肺炎或肺水肿、消化道异常皮肤红斑。慢性中毒则出现神经精神障碍、震颤、口腔炎。

汞诱发的自身免疫反应可导致肾损伤，接触汞的工人外周血淋巴细胞微核率和姊妹染色单体率明显增加，引起淋巴细胞免疫功能的改变，此外，汞对肺泡巨噬细胞具有细胞毒性，并可抑制肺泡巨噬细胞产生TNF-a和NO，从而影响机体免疫功能。

氰化高汞所致的肾损害主要表现为近曲小管广泛性坏死，可诱发机型肾功能衰竭，同时还有胃肠损害表现及肝细胞变性。

进而肾小球也受到损害，出现无尿、急性衰竭；慢性汞接触可引起近曲小管功能障碍，还可有肾炎综合症或肾病综合症表现，早期损害表现为尿中出现高相对分子质量的蛋白质。

被重金属污染的河水

迷你知识卡

宏量元素

亦称大量养分、大量元素。是指水培时的培养液中必须供应的数量较大的元素而言。其中钙、镁、钾、氮、硫和磷等的盐类，每升中的含量分别以0.2～1.0克左右为适宜。

相反，很久以来就已经知道铁是不可缺少的元素，其浓度保持在数十万分之一即足。另外，由于药品的精制与水培技术的进步，又相继确定了一些不可缺少的元素，如锌、锰、铜、硼、钼等，其适宜的浓度为数百万分之一左右。铁以下各种元素称为微量元素或微量养分。

蛋白质

是生命的物质基础，没有蛋白质就没有生命。因此，它是与生命及与各种形式的生命活动紧密联系在一起的物质。机体中的每一个细胞和所有重要组成部分都有蛋白质参与。

蛋白质占人体重量的16%～20%，即一个60kg重的成年人其体内约有蛋白质9.6～12kg。人体内蛋白质的种类很多，性质、功能各异，但都是由20多种氨基酸按不同比例组合而成的，并在体内不断进行代谢与更新。

图说人类的健康与环境

第2章 噪音
——给人类带来烦恼的声音

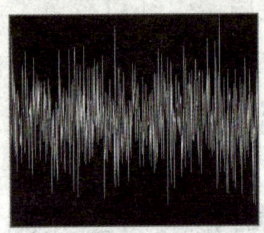

1. 史上最残忍的"噪声危害实验"
2. 人类为了生存将要与噪声奋斗
3. 噪音致人死亡案件
4. 噪声对人体的危害
5. 噪声对作业人群的影响
6. 你知道"低频噪声"吗？
7. 室内噪声源有哪些？

▌ 史上最残忍的"噪声危害实验"

50年代，美国出现了这样一件骇人听闻的事件：一架超音速飞机掠空而过，下面站着10个人，虽然他们紧捂着双耳，结果飞机是飞过去了，这10个人的生命也成了过去，一一都被超音速飞机的噪声所击毙了。

我国古代时有这样一种刑罚，叫钟下刑。受刑的人被扣在一口大钟的里面，然后行刑的人在外面用木槌用力敲钟，使受刑人在钟里痛苦难忍，甚至造成精神分裂或昏迷。这说明在强烈噪声的环境下，人将受到严重的危害。

据测试，飞机起飞时的噪声最低在150分贝以上。而正常环境下，噪声达60分贝人就会感觉到烦闷。可想而知，在150分贝以上的噪声下站立该上一种什么滋味？

据说，那十个人是为了获得一

协和超音速飞机

笔丰厚的奖金,而自愿被当成实验品而进行的一场实验。他们留下的被噪声袭击时惊骇痛苦的模样一定是令人触目惊心的。

▣ 人类为了生存将要与噪声奋斗

"早晚有一天,人类为了生存将要与噪声奋斗,犹如对付霍乱和瘟疫那样。"德国著名细菌学家、医生罗伯特·科赫曾预言。

这一天已经来到!如今人们已经生活在噪声之中,大都市的人更是如此,每天呼啸而过的各种机动车辆、铁轨、轻轨发出的刺耳的磨擦声、空中掠过的飞机发动机声,不绝于耳,即使是在夜间人们也无法安宁,失眠、心慌、精力无法集中时刻困扰着他们。

噪声通常用分贝来表示,一般说话的声音为40分贝至60分贝,嗓门大的人说话声音可达60分贝至80分贝,相当于一台针式打印机或一台割草机发出的声响。也就是说,当噪声超过80分贝时就有可能对人体的健康状况造成伤害。

科学家研究显示,临街建筑物内的噪声可达65分贝,在这里居住

现代交通带来的噪音污染

房屋装修带来的噪音污染

人体健康将会遭受极大的伤害。

专家指出，现代年轻人到了40岁时听力就远不如过去60岁的老人。主要原因是他们不了解噪声的危害，频繁出入迪斯科舞厅，随身听老挂在耳朵上，连续几小时高分贝的噪声足以毁掉他们的听力。

有人以为在噪声环境中生活久了就听不到噪声了，这只是自欺欺人，因为噪声不是你听不听到的问题，它是以声波的形式传播的，它时刻围绕着你，时间久了就会影响你的心理状态，造成消化系统、心血管循环或神经性疾病。

噪声对儿童的影响尤为严重，居住在机场附近的孩子记忆力和其他技能都比居住在安静环境下的孩子差。目前，由噪声引起的除耳病

的人心血管受伤害的程度要比生活在噪声在50分贝或50分贝以下的环境中的人高出20%以上。

如果噪声达到80分贝或100分贝，即相当于一辆从身旁驶过的卡车或电锯发出的声音，会对人的听力造成很大伤害。当噪声超过100分贝，就属于人们难以忍受的噪声，相当于圆锯、空气压缩锤或者迪斯科舞厅、随身听、战斗机发出的噪声。爆破及有些打击乐发出的声响可达120分贝以上，处于这种环境下

噪声环境有害健康

以外的各种疾病正日益蔓延。

噪音致人死亡案件

2001年9月24日,家住南京市大方巷某幢401室的张某与南京爱华装饰有限公司签订了一份家居装饰工程合同,考虑到装修噪音会影响邻居的正常生活,开工前,张某跟邻居打了招呼,并在装饰工程合同中明确约定施工人员每天施工时间为早上8:30—11:30,下午1:30—5:30。

考虑到楼下73岁的何老先生曾患心肌梗塞住过院,张某还特地到何某家作了说明。可施工不久,何某就向张某反映工程队中午施工影响他休息,于是,张某又找施工队商量下午施工推迟到2点钟,施工队也表示同意。但不久,施工人员就没有按照约定的时间施工了。为此,何某和老伴施某多次与施工人员进行交涉,但无果。

2001年12月18日晚9点45分,何某夫妻俩正准备休息,刺耳的电钻声又响了起来。何老先生便上楼与施工人员交涉，让他们停工。

不一会儿，施某听到楼上响起了急促的敲门声，感到有些不对头，赶紧披衣上楼，等她走到401室门口时，发现老伴已瘫倒在施工现场，不省人事。身为医生的施某顿时感到大事不好，丈夫的心肌梗塞病又犯了。

邻居见情况不妙，急忙拨打了急救电话。"120"急救人员几分钟后赶到时，发现何某已没有心音，呼吸音也消失了，动脉也停止了跳动，初步断定人已死亡。之后，何老先生被送往省人民医院抢救，但还是因心肌梗塞急性发作死亡。

法院认为，这是一起因环境污染致人损害的案件，属特殊侵权行为，在责任认定上应当适用无过错责任原则，即不论加害人实施侵权行为时有无过错，都应对受害人的损害承担责任，在举证方式上应当实施举证责任倒置。

2002年5月，因不堪忍受京石高速公路的噪音污染，丰台区52户居民将开发商北京市综合投资公司和高速公路的管理者北京首都公路发展有限责任公司告上了法庭。

2002年6月18日，这起全国首例状告高速公路噪音污染案在丰台法院有了一审结果。法院判决开发商在两个月之内为住户安装隔声窗，一次性支付3 000元赔偿金。居民从入住日起至安装隔声窗日期间，每月获得60元的噪音污染

噪声扰民

工地噪声

损失费。

2002年10月9日,武汉市吴家湾一施工队因违章施工扰民,主动到洪山区城管执法大队交了2 000元罚款。这是武汉市治理噪音污染条例实施以来,查处的首起噪音污染案。

10月3日凌晨1时,洪山区城管执法大队接到市民投诉称,吴家湾一施工单位夜间施工,扰得附近居民难以休息。执法人员查明情况后,当即责令施工单位停止施工,并根据新颁布的噪音管理条例,对施工单位处以2 000元罚款。

噪声对人体的危害

噪声级为30~40分贝是比较安静的正常环境;超过50分贝就会影响睡眠和休息。由于休息不足,疲劳不能消除,正常生理功能会受到一定的影响;70分贝以上干扰谈话,造成心烦意乱,精神不集中,影响工作效率,甚至发生事故;长期工作或生活在90分贝以上的噪声环境,会严重影响听力和导致其他疾病的发生。

接触较强噪声,会出现耳鸣、听力下降,只要时间不长,一旦离开噪声环境后,很快就能恢复正常,称为听觉适应。如果接触强噪声的时间较长,听力下降比较明显,则离开噪声环境后,就需要几小时,甚至十几到二十几小时的时间,才能恢复正常,称为听觉疲劳。

这种暂时性的听力下降仍属于生理范围,但可能发展成噪声性耳聋。如果继续接触强噪声,听觉疲劳不能得到恢复,听力持续下降,就会造成噪声性听力损失,成为病理性改变。这种症状在早期表现为高频段听力下降。但在这个阶段，患者主观上并无异常感觉，语言听力也无影响，称为听力损伤。

此外，强大的声暴，如爆炸声和枪炮声，能造成急性暴震性耳聋，出现鼓膜破裂，中耳小听骨错位，韧带撕裂，出血，听力部分或完全丧失。主观症状有耳痛、眩晕、头痛、恶心及呕吐等。

噪声除损害听觉外，也影响其他系统。神经系统表现为以头痛和睡眠障碍为主的神经衰弱症状群，脑电图有改变，植物神经功能紊乱等；心血管系统出现血压不稳，心率加快，心电图有改变；胃肠系统出现胃液分泌减少，蠕动减慢，食欲下降；内分泌系统表现为甲状腺机能亢进，

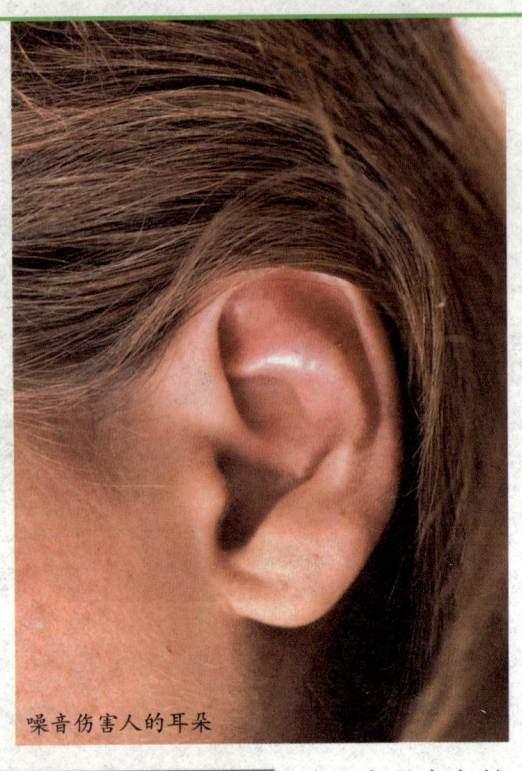
噪音伤害人的耳朵

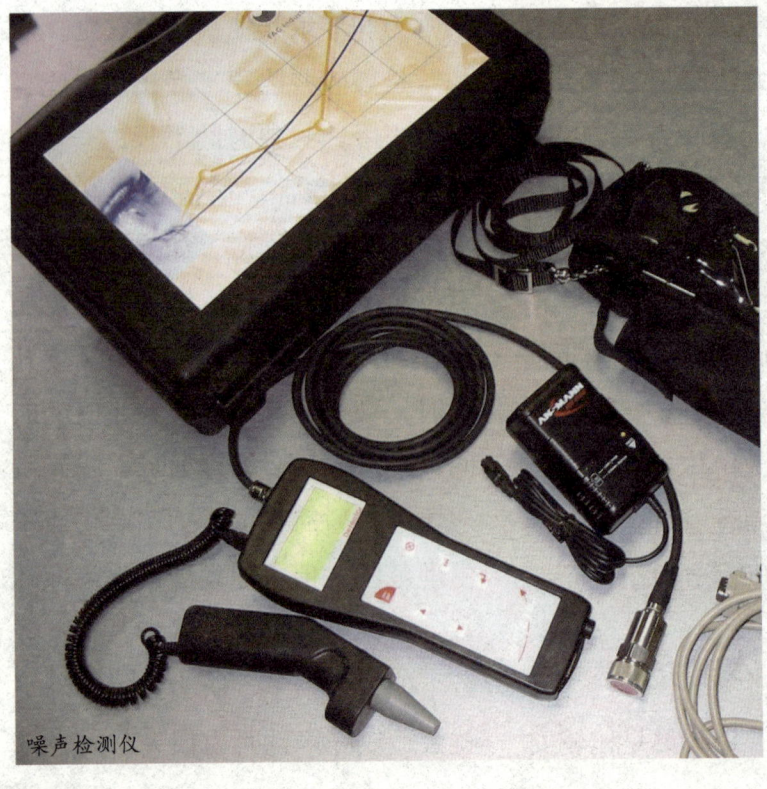
噪声检测仪

肾上腺皮质功能增强等。

◪ 噪声对作业人群的影响

强噪声长期作用于听觉系统，加重了内耳的能量负荷，并通过神经内分泌系统反射性引起血管痉挛，使内耳的供血相对不足，最终导致内耳毛细胞变性、坏死；加之人类外耳道的结构决定于其对2 000~6 000赫兹声音的共鸣作用，另外中耳对高频声音容易传导及耳蜗基底易于受损等因素的共同作用。

使得噪声接触者首先产生高频段听力损伤，并且与噪音强度、接触时间有明显关系，工龄越长，强度越，高频听力损伤越严重，发生耳聋阳性率越高。因此我们认高频听力损伤是噪声聋的早期征兆。

对工人心电的影响主要表现在窦性心律不齐，检出率有高工龄组比低工龄组增高的趋势。接触噪声作业的工人心率在每分钟72次以上者比较见，心电图心动过速也较多，这是由于噪声作用下交感神经紧张度增加，从而使心率加快。

由于引起心动过速的原因很多，所以一旦发现心率加快患者时，应该做一次心电图。一般噪声引起的

噪声对作业人群的影响

心动过速，属于窦性心动过速，其心电图除心率快以外，其他方面均正常。同时也要排除引起心动过速的其他原因。

噪声也能使长期作业人群的血压升高，并且随工龄的增高而增高。

长期接触噪声宜使人患神经衰弱综合征，植物神经功能障碍等精神症状。

人的行为功能是高级神经活动的产物。当在噪声这种恶性刺激作用下，中枢神经系统的高级神经活动受到损伤，必然会导致行为功能的改变。比如接触噪声的作业工人紧张、抑郁、失眠、头晕、心悸等症状的出现。

你知道"低频噪声"吗？

低频噪声源主要有四大类：电梯、变压器、中央空调(包括冷却塔)及交通噪声，一般是指频率在500赫

中央空调是低频噪声的来源之一

兹以下的声音。低频噪声对生理的直接影响没有高频噪音那么明显，但是近来国内从事低频噪声研究的专家指出，低频噪音会引起头痛、失眠等神经官能症。

目前，国内声环境质量标准及其监测方式主要是针对高频噪声的检测，低频噪声因分贝数并不高，导致经常有市民被噪声折磨却投诉无门。

早在上世纪90年代初，低频噪声就已经悄悄地开始影响人们的生活。当时一些开在居民区的"卡拉OK厅"和"迪斯科舞厅"生意兴隆，尽管那些娱乐场所里有着厚厚

的墙纸和各种隔音设备,但阻挡的只是属于"高频"的歌声,而低频噪声,比如歌舞厅内的鼓点震动声却可穿墙透壁,直达市民们的客厅、卧房等处。

随着城市道路、桥梁以及各种大楼的建成,特别是在一些住宅小区内,电梯和那些本来置于楼外的变压器房、水泵纷纷被移入居民楼内,使用时产生的震动就形成了低频噪音。

现在有很多的高层塔楼使用的都是二次供水,这种利用高压水泵供水的方式会产生很强的震动低频噪音,尤其对四层以下的居民会产生很大影响。

对于楼内变压器、水泵等造成的结构传声,可以在安装电梯、变压器、水泵等的时候加上减震措施,最好是将这些装置安装在楼外;对于空气传声,可以在房屋的窗口上安装通风隔声窗来改善。

机箱共振低频噪声

图说人类的健康与环境

低频噪声对人的身体健康有很大影响

低频噪声由于可直达人的耳骨，而且会使人的交感神经紧张，心动过速，血压升高，内分泌失调。人被迫接受这种噪声，容易烦恼激动、易怒，甚至失去理智。如果长期受到低频噪音袭扰，容易造成神经衰弱、失眠、头痛等各种神经官能症。

室内噪声源有哪些？

交通运输噪声。城市交通业日趋发达，给人们工作和生活带来了便捷和舒适，同时也促进了经济的发展。但不能不看到，随着城乡车辆的增加，公路和铁路交通干线的增多，机车和机动车辆的噪声已成了交通噪声的元凶，占城市噪声的75%。据统计表明，北京是世界有名的噪声污染城市。虽然城市车辆不及日本的十分之一，噪声程度却比日本高出1倍。特别是一些临街的建筑，受害极重。

工业机械噪声。这也是室内噪声污染的主要来源。由于各种动力机、工作机做功时产生的撞击、摩擦、喷射以及振动，可产生七八十分贝以上的声响。这些声响，像纺织车间、锻压车间、粉碎车间和钢厂、水泥厂、气泵房、水泵房都比较严重，虽然都做了一定程度的降噪处理，但仍然不能从根本上消除机器本体上所产生的噪声。

交通运输噪声

城市建筑噪声。特别是近年来城市建设迅速发展，道路建设、基础设施建设、城市建筑开发、旧城区改造，还有百姓家庭的室内装修，都造成了城市建筑噪声，建筑施工现场噪声一般在90分贝以上，最高达到130分贝。

社会生活和公共场所噪声。比如公共场所的商业噪声、餐厅、公共汽车、旅客列车、人群集会、高音喇叭等。据统计，社会生活和公共场所噪声占城市噪声的14.4%。家用电器直接造成室内噪声污染。

随着人们生活现代化的发展，家庭中家用电器的噪声对人们的危害越来越大，据检测，家庭中电视机、收录机所产生的噪音可达60至80分贝，洗衣机为42至70分贝，电冰箱为34至50分贝。

家电产生噪声无处不在

 **迷你知识卡**

噪音的危害

1. 影响睡眠和休息。噪声会影响人的睡眠质量，当睡眠受干扰而不能入睡时，就会出现呼吸急促、神经兴奋等现象。长期下去，就会引起失眠、耳鸣、多梦、疲劳无力、记忆力衰退等。

2. 损害人的听力。噪声可以造成人体暂时性和持久性听力损伤。一般来说，85分贝以下的噪声不至于危害听觉，而超过100分贝时，将有近一半的人耳聋。

3. 引起人体其他疾病。一些实验表明噪声对人的神经系统、心血管系统都有一定影响，长期的噪声污染可引起头痛、惊慌、神经过敏等，甚至引起神经官能症。噪声也能导致心跳加速、血管痉挛、高血压、冠心病等。极强的噪声（如170分贝）还会导致人死亡。

4. 干扰人的正常工作和学习。当噪声低于60分贝时，对人的交谈和思维几乎不产生影响。当噪声高于90分贝时，交谈和思维几乎不能进行，它将严重影响人们的工作和学习。

第3章 辐射
——杀人于无形

1. 电磁辐射污染
2. "历史上最严重的核事故"
3. 核辐射致癌
4. 辐射的海洋
5. 我们身边所有的物品都有辐射
6. 大理石也有辐射
7. "电离辐射"

电磁辐射污染

电磁辐射是指能量以电磁波的形式通过空间传播的现象。在日常生活和工作中，我们接触的电磁辐射通常可分为射频辐射和极低频辐射。电磁辐射的频率越高，对人体造成的危害就越大。

国内外医学专家的研究表明，长期、过量的电磁辐射会对人体生殖系统、神经系统和免疫系统造成直接伤害，是心血管疾病、糖尿病、癌突变的主要诱因和造成孕妇流产、不育、畸胎等病变的诱发因素，并可直接影响未成年人的身体组织与骨骼的发育，引起视力、记忆力下降和肝脏造血功能下降，严重者可导致视网膜脱落。

因此，电磁辐射已被世界卫生组织列为继水源、大气、噪声之后的第四大环境污染源，成为危害人类健康的隐形"杀手"。

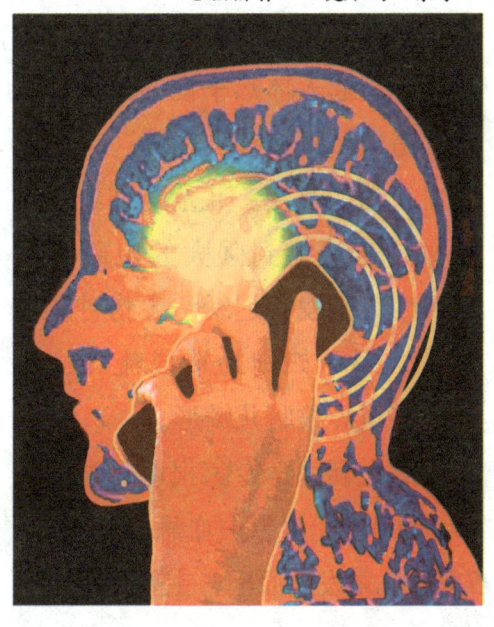

电磁辐射——健康的"杀手"

图说人类的健康与环境

电子产品工作时会发出电磁波，也称之电磁辐射。电磁辐射作用于人体会产生一系列生物效应。150～1 200兆赫的频段，可透入人体2厘米以上，激发机体深部细胞，使之相互摩擦生热，干扰机体自身的生物电流。电磁能量在体内转化为热能，引起人体热平衡的失调；它能够造成"微波性白内障"，引起心血管功能改变。儿童的神经系统娇嫩，若遭受到强大的电磁辐射后，使大脑发育迟缓，生物钟调节紊乱。对孕妇则易造成流产、早产，甚至导致胎儿畸形。

意大利医学专家报道，该国每年有400名儿童患白血病，其中2—7岁的儿童发病原因，主要是距电磁

辐射危害健康

场太近，而受到过强的电磁辐射。波兰的资料指出，经常接触电磁辐射的人，各种癌症发病是普通人的2倍。

英国皇家微波研究机构发现，经常在电磁辐射下工作的人员，脑瘤的发病率是一般人的6.4倍。芬兰的医学专家检查证明女空中服务人员患乳癌的几率比一般同龄女性高出一倍。

英国、美国、加拿大的医学报

手机辐射很普遍

告亦指出，飞机上的工作人员患皮肤癌和脑癌的比例偏高。还有像空调器、电冰箱、电视机、电脑等均可引起不同的或相同的病症。

现在每天有百万以上的人使用电脑、电脑网络，电脑对人体的危害却往往被人们所忽视。据国外调查表明，长期使用电脑的操作人员，有75%的人视力下降、眼睛疲劳、眼睛发干或是流泪，易患疲劳、厌食、记忆力减退、头痛脑胀等疾病。尤其是儿童对电脑的迷恋，使儿童的情绪急躁，性格孤僻自私，影响了儿童的正常发育。

"历史上最严重的核事故"

核泄漏一般的情况对人员的影

响表现在核辐射,也叫做放射性物质,放射性物质可通过呼吸吸入,皮肤伤口及消化道吸收进入体内,引起内辐射,γ辐射可穿透一定距离被机体吸收,使人员受到外照射伤害。

内外照射形成放射病的症状有:疲劳、头昏、失眠、皮肤发红、溃疡、出血、脱发、白血病、呕吐、腹泻等。有时还会增加癌症、畸变、遗传性病变发生率,影响几代人的健康。一般讲,身体接受的辐射能量越多,其放射病症状越严重,致癌、致畸风险越大。

1986年4月26日,当时是前苏联共和国的乌克兰在切尔诺贝利核能发电站的第四反应堆发生爆炸,向大气释放了大量放射性物质。这些物质主要沉积在欧洲国家,但是特别覆盖白俄罗斯、俄罗斯联邦和乌克兰的广大地区。

1986—1987年间,大约有35万清除工人或来自军队、核电厂职员、地方警察和消防服务的"清理者"开始介入控制工作和清除放射残骸。大约24万清理者在反应堆方圆30千米之内的地区进行大量清理活动时受到最高剂量的核辐射。尔后,登记的清理者数量增至60万,尽管其中只有一小部分人暴露于高剂量辐射。

1986春季和夏季,11.6万人从切尔诺贝利反应堆周围的地区疏散至非污染区。在以后的几年中又有

切尔诺贝利核能发电站遗址

23万人被重新安置。

目前大约有500万人生活在白俄

历史上的切尔诺贝利核能发电站

罗斯、俄罗斯联邦和乌克兰,这些地方的放射性铯的沉积水平超过每平方米37千贝克。在这些人当中,大约有270 000人仍然生活在被苏联当局定为严格控制区的地区,那里铯的污染超过每平方米555千贝克。

撤离和重新安置经证实对很多人来说是非常痛苦的经历,因为社会网络的瓦解以及他们不能够返回家园,很多人被打上与"暴露于辐射的人"相关的社会烙印。

核辐射致癌

1945年日本:在遭受两枚原子弹的轰炸之后,广岛、长崎两座城市成千上万人的生命受到核辐射的严重威胁。1945年底时,仅广岛城市人口数量就从35万一下锐减了14万左右,而幸存的人则在那之后越来越多地患上癌症。那些发生癌变的幸存者受到了平均剂量为2 000毫西弗的辐射。

1953年美国军方曾在尤卡平地上试爆了11颗原子弹,最后一颗被引爆的更是3 200万千克当量(每1 000千克当量相当于1 000千克TNT炸药的爆炸力)的"肮脏哈里"原子弹。

时隔一年,好莱坞电影《征服者》剧组选择距离尤卡平地上的核试验地点仅137英里雪峡谷进行户外拍摄。结果导致该电影剧组220名成员,近半数人吸入放射性尘埃,染上了致命的癌症。

切尔诺贝利核电站发生爆炸,发生严重的核泄漏。

据报道,当时21人当场死亡,最初估计受核辐射影响只有不到50个清洁工。据2006年乌克兰卫生部公布的数据,因为这起核爆炸事件,在乌克兰全国4 800万人口中,共有包括47.34万儿童在内的250万核辐射受害者仍处于医疗监督之下。

而令人痛惜的是,当地新出生的孩子从生命形成的那一刻起就带有先天性疾病。其中畸形、癌症、

广岛上的原子弹爆炸

败血症已成为虐杀这些无辜儿童的主要杀手。

核辐射可能因为高频率微波、射线精子的存活时间导致干细胞内DNA的序列发生改变或者突变，尤其是白细胞的突然剧增可能导致人体免疫系统失衡。日本原子弹爆炸之后，白血病患者急剧上升正有力说明核辐射对人体细胞突发的影响。

放射性物质容易引起淋巴细胞染色体的变化，如果淋巴细胞长期处于放射性物质的慢性损伤状态下，淋巴细胞难以自行修复却依然存活，则增加了淋巴细胞癌变的几率。

对于处于核辐射环境下的人来说，皮肤是人体与外界接触最为广泛的地方。面对核辐射挥发性物质或弥散性物质，皮肤将首当其冲置身于险境。此外，黄种人和白种人相比较，白种人的皮肤更容易受到辐射的损伤。

原子弹过后的日本广岛

如果大量的放射性物质释放到大气中，容易引发甲状腺癌，因为这些放射性物质中放射性碘占很大份额，而人体甲状腺是聚集碘的主要场所，当人体进食或吸入大量放射性碘，并在甲状腺内蓄积大剂量的放射性碘可损伤甲状腺或周围组织，一定的剂量可能诱发甲状腺癌。

辐射的海洋

经常佩戴首饰也会给人们带来烦恼，那就是容易患"首饰病"，即皮肤病。

一般来讲，除纯金(24K)首饰以

美丽的手饰也有辐射

外，其他的首饰在制作过程中都要掺入少量钢、铬、镍等材质，特别是那些异常光彩夺目的或廉价合成首饰制品，这些首饰制品的材质成分更加复杂，对人的皮肤造成伤害的可能性更大。

据报道，美国专家在检验了几千件首饰后发现，其中有近百件含有放射性物质，这些放射性元素对人体有严重地损害，如果长期佩戴，有可能诱发皮肤病或皮癌。金银首饰,不宜常戴。常戴的首饰制品,最好进行含放射性物质测定。

香烟会释放辐射物质"钋210"。烟草产业在几十年前就认识到香烟会释放危险的同位素,但并没有采取任何补救措施。目前政府才开始插手干预。

2006年11月,前苏联国家安全委员会职员利特维年科在伦敦一家医院遭到冷战式的暗杀。尽管对于利特维年科的去世仍然存疑,但杀死他的毒素,是一种名为"钋210"的罕见放射性同位素。这超出我们的想象:全世界每年吸烟量高达6万亿根,每根香烟在肺部释放出少量的"钋210"。如果每天抽1.5包香烟,那么这些毒素慢慢积少成多,一年后累积的辐射相当于300次胸透的辐射。

虽然钋未必是香烟释放的要致

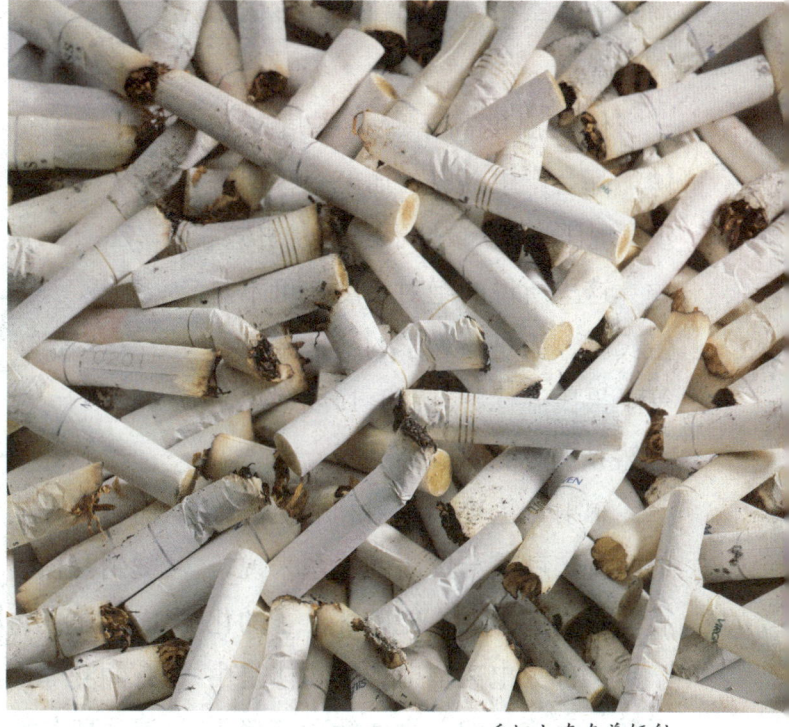

香烟也存在着辐射

癌物质,但它仍然是每年导致成千上万美国人死亡的原因。

◤ 我们身边所有的物品都有辐射

电脑、电视机甚至电吹风、电磁炉,生活中,这些我们离不开的电器,几乎都有"辐射风险"的嫌疑,让人无法放心使用。其实辐射在生活中无所不在,我们就生活在被辐射包围的世界里。我们的生活环境中,从太阳光到各式电器乃至

物品，甚至包括我们自己的身体，
都有辐射。

任何温度高于绝对零度的物
体，都会产生辐射。而至今，似乎
没发现任何等于或低于零度的物体。

这里所说的绝对零度，可不是
摄氏度，而是热力学的最低温度，
等于摄氏温标零下273.15度，也是
自然界中可能的最低温度。

辐射分为电离辐射和非电离辐
射两种。就其与健康的关系来说，
有些辐射威力大，能破坏分子的化
学键，称为电离辐射。生物体是由
无数分子构成的，生命活动有赖于
分子层面的稳定。电离辐射造成的
伤害有时可直接杀灭或损伤细胞，
有时能改变DNA的结构，造成遗传
上的影响。

除此之外的辐射都是非电离辐
射——从红外线、可见光到各种无
线电波。这些非电离辐射作用于生
物体上，最显著的效应就是加热。
电脑、电磁炉、微波炉等生活电器
产生的都属于非电离辐射。

打手机时，如果不是打到手机
热得发烫，就不用担心手机辐射的

电脑是辐射源之一

伤害；使用笔记本电脑，如果不是
烫到身体，也不必对其辐射危险过
虑。总之，非电离辐射中，如果没
有闻到烤肉的味道，也没有觉得体
温升高太多，就不用担心辐射伤害。

大理石也有辐射

建筑石材的质量安全问题一般
集中于放射性污染，对人体健康有
巨大伤害。以往人们由于不放心国
内大理石的质量而纷纷购买国外进
口的大理石。

但是，一些进口石材也存在安
全问题。放射性核素水平偏高的进
口石材有：南非红、印度红、细啡
珠、皇室啡等，其中小啡珠、细啡
珠、南非红的放射性均已经超过C

类，属于严重超标，按照相关规定，此类石材只能用于碑石、海堤、桥墩等人类很少涉及到的地方。

我国石材按放射性高低被分为A、B、C三类，按规定，只有A类可用于家居室内装修。石材主要有大理石和花岗石两种，大理石的放射性一般都低于花岗石，大部分可用于室内装修，而花岗石不宜在室内大量使用，尤其不要在卧室、老人、儿童房中使用。

不同色彩的石材其放射性也不同，最高的是红色和绿色，白色，黑色则最低。因此，消费者应谨慎选择红色、绿色或带有红色大斑点的花岗石品种。

大理石也存着辐射

有人认为装修石材颜色越深，放射性就越强。但是颜色深浅与放射性强弱之间并没有必然联系。而真正决定其放射性的应该是石材的"出生地"，是其产地的地质条件决定了其放射性。

"电离辐射"

电离辐射在人体组织内释放能量，导致细胞死亡或损伤。在少量剂量下，它并不能造成伤害。在某些情况下，细胞并不死亡，但是变成非正常细胞，有些为暂时，有些为永久的，那些非正常细胞甚至发展为癌变细胞。大剂量的照射将引起大范围的细胞死亡。

在小剂量的照射下，人体或部分被照器官能存活下来，但是最终导致癌症发病率大大增加。受照损伤范围依赖于照射源的大小，受照时间以及受照组织。受低剂量或中等剂量的照射的伤害并不能在几个月甚至是一年中显示出来。

例如，因照射引起的白血病，受照与发病的潜伏期为二年。肿瘤潜伏期为五年。照射后产生的病变与发病的几率依赖于受照类型(慢性照射,急性照射)。但是并不是所有受照后产生的病因都由照射引起。

同时,因照射诱发的癌症及人体基因的损伤与其他因素无显著差别。其中,慢性照射在长时间内断断续续的暴露在低水平剂量的辐射环境下。慢性照射产生的作用,只有在照射后的一段时间后,才可能被察觉。

这种作用包括:DNA变异;诱癌;良性肿瘤;白内障;皮肤癌;先天性缺陷等。急性照射是在很短的时间内受到大剂量的照射。大剂量的照射一般由放射事故或是特殊的医疗过程产生的。

在大多数情况下,大剂量的急性受照能引起立即损伤,并产生慢性损伤。对于人体,大剂量能引起急性放射病,如大面积出血,细菌感染,贫血,内分泌失调等,后期效应可能引起白内障,癌症,DNA变异等,极端剂量能在很短的时间内导致死亡。

 迷你知识卡

七种有特殊防效的果蔬

黑芝麻:黑芝麻益肾,多吃补肾食品可增强身体细胞免疫、体液免疫功能。

紫苋菜:紫苋菜抗辐射、抗突变、抗氧化的作用。

绿茶:绿茶中的茶多酚,不仅有抗癌和清除体内的自由基的效果,还可以抗辐射。

番茄红素:番茄红素不仅具备卓越的抗辐射能力,且抗氧化能力极强。

螺旋藻食品:螺旋藻含有丰富的植物蛋白,多种氨基酸、微量元素、维生素、矿物质和生物活性物质,可促进骨髓细胞的造血功能,促进血清蛋白的生物合成,从而提高人体的免疫力。

花粉食品:花粉还含有铁、锌、钙、镁、钾等10多种无机盐和30多种微量元素及18种酶类,因此,花粉具有抗辐射效果。

银杏叶制品:银杏叶提取物中的多元酚类对防止和减少辐射有奇效,对于在核辐射环境中的工作人员,经常服用银杏叶茶,能升高白细胞,保护造血机能。

绿茶

第4章 高原
——考验人体承受力的自然环境

1. 青藏高原"白内障"
2. 高原旅游与人体健康
3. 高原低氧症
4. 高原环境特点
5. 高原病
6. 进入高原前的准备
7. 高原肺水肿

青藏高原"白内障"

高原气温的特点是寒冷、气温变化剧烈、温差也大。气温对于人体的影响不仅是指外界恒定气温的高低,而更重要的是指气温的剧烈变化。

影响气温的因素很多,例如日照时间、空气密度、海拔高度、地形与地区结构、水面分布、植被程度等。通常气温随海拔每升高150米,平均降低1摄氏度。高原由于空气稀薄、洁净,阳光穿过空气热能损失小,地面获得热能比低地要多。

所以,日间温度高;但由于植被稀少,河湖水面少,储能机制差,所以白天获得的热能到夜间很快散发,故夜间寒冷,表现为昼夜温差大,温差可达10~15摄氏度,室内与室外、向阳山坡和向阴山坡温差悬殊甚大,温差可达10摄氏度以上,皆因高原温度完全靠吸收太阳光能之故。夏季并不太热,

高原气候

冬天最低温度较低，但气候相差不大。

由于上述特点，当气候发生急剧变化时，身体不能立即做出相应的反应，从而导致疾病发生或使病情加重，因而在高原地区易发生感冒、咽炎、肺炎等呼吸道疾病，同时亦易患急性心肌炎、高原性心脏病和风湿热、关节炎等疾病。

自然环境中，大气压或氧分会受到各种因素的影响，如温度、湿度、风速和海拔等方面的改变，其中以海拔的影响最为显著，它与大气压呈反比关系。

高海拔导致低大气压、低氧分压的形成，这也是我区空气稀薄，氧气缺乏的根本原因所在。由于大气压低，氧分压亦低，少数人主要是高原移居者常因高原低氧而发生高原反应、高原肺水肿、红细胞增多症和高原性心脏病。

太阳辐射随海拔升高而增强

大气压和沸点的关系为：海拔越高，沸点越低。拉萨地区为海拔3 680米，沸点为88摄氏度，到海拔4000米左右的高地，沸点只有87摄氏度，亦即是说水到87摄氏度就像内地一样开始沸腾，冒气和冒泡，这对于初到高原旅游者来说是易患消化道疾病的因素之一。

由于空气密度小，空气稀薄，气候干燥，水蒸气密度小，空气洁净度高，尘埃少，加上雪的反射作用，太阳辐射随海拔升高而增强。

强烈持久的太阳辐射可给人带来不良影响。最近报导，在青藏高

青藏高原上的太阳

原上空发现"臭氧层空洞",这就是说,大量的紫外线通过臭氧层空洞直接照射到人类,因此,如日射病、皮肤烧伤、光照性皮炎、搔痒、水泡和水肿疾病易发生。在雪地上或野外长时间活动可损害眼睛的结膜和角膜,使其充血流泪,即所谓"雪盲",并可产生"白内障",这也是青藏高原"白内障"为高发地区的原因。

高原旅游与人体健康

低氧就是高原对人类的挑战,高原低氧既有对人体损伤的一面,又有对健康有利的一面。通过对高原低氧环境的机能适应,可以调动人体的生理功能活动,从而提高心、肺、血液功能,增强了氧的利用,对人的健康有益。

高原旅游与人体健康

图说人类的健康与环境

高原旅游

适度高原（1500~3 000米）的轻度缺氧对人体起到一定的"激活"作用。人长期生活在同一环境中，经受不同气候、不同地理环境的考验较少，身体的适应性和代偿能力也较低，而在一定高原的海拔进行短时期的旅游和居住，通过空气中低氧的刺激和高原温度、湿度、日照等气候因素的变化，对人体的心肺等生理机能形成刺激、适应和提高，因而不同的气候环境及丰富的旅游生活能达到身体的保健功效，对健康大有益处。

高原旅游能达到健身的效果。研究表明：高原独特的低氧环境使人体的心肺功能增强，呼吸频率增加、心率加快、血液循环加速，血液中红细胞和血红蛋白等增多，从而提高人体的携氧能力，而这些正是平原人们在健身房中进行体育锻炼所要达到提高心肺功能和增强体魄的目的。

高原环境对人体健康有积极作用。高原环境（海拔2 000米~3 000

米）大多为林区、山区，气温的季节变化小，冷暖适中，空气清新，气压也较低，可增强人的呼吸功能，尤其是山区空气中含有大量的负离子，具有促进新陈代谢、强健神经系统、提高免疫能力的功效，对人体的健康有积极的促进作用。

高原旅游还非常有利于某些疾病的治疗和康复，如早期高血压、冠心病、心肌硬化症、糖尿病、支气管哮喘、帕金森病等。

高原旅游具有一定的"减肥效应"。在高原低氧环境下，人体的呼吸和心率加快，能量消耗增加，且缺氧状态下人的食欲减退，消化系统功能减弱，不需要刻意控制食欲或吃一些抑制食欲的药物，就能达到减肥的目的。

高原旅游能够改善人的不良情绪，提高自信。高原地区生态环境较好，没有工业污染，噪音少，空气清新，鸟语花香和美丽的自然景观给人一种赏心悦目，心旷神怡，轻松愉快的感觉，缓解人们在工作生活上的压力，改善不良情绪。

高原低氧症

在高原环境下，随着海拔的升高，空气中的氧分压不断降低，人如果长期处在这种缺氧环境中，严

高原旅游对人体健康有好处

重者可出现低氧血症。由于人的神经组织对内外环境变化最为敏感，因此在缺氧条件下，脑功能损害发生的最早，损害程度也比较严重，且暴露时间越长，损害越严重，特别是对感觉、记忆、思维和注意力等认知功能的影响显著而持久。

高原旅行时应防预高原病的产生

在海拔4 300米以上高度时，夜间视力明显受损，并且这种损害不会因机体的代偿反应或降低海拔高度而有所改善。

人体的听觉机能也会随着海拔的增加而受到很大影响，大约在海拔5 000米左右，人的高频范围听力下降，5 000～6 000米，人的中频和低频范围听力显著减退，而且听觉的定向力也受到了明显的影响，这可能也是高原缺氧条件下容易发生事故的重要原因。此外，人体的触觉和痛觉等也会在严重缺氧时逐渐变得迟钝，在极端高度时还可能出现错觉和幻觉。

在海拔1 800～2 400米时，人的记忆力便开始受到影响；5 000米左右出现记忆薄弱，此时已不能同时记住两件事情了；以后随着海拔的升高，缺氧程度的加重，会表现出不同程度的记忆损害，从记忆的下降到完全丧失记忆能力。

记忆损害可能与大脑里面的海马胆碱能系统功能变化有关，缺氧主要影响短时记忆，一般不影响长时记忆。

急性高原缺氧将严重影响人的思维能力。海拔1 500米时，人的思维能力开始受到损害，表现为新近学会的复杂智力活动能力受到影响；3 000米时，各方面的思维能力全面下降，其中判断力下降尤为明显；4 000米时，书写字迹拙劣、造句生硬、语法错误；超过7 000米时，有相当一部分人可在无明显症状的情况下突然出现意识丧失。

人对缺氧有一个适应过程，一般需要1~3个月的时间，因此在首次进入高原之前，最好有计划地、间歇性地暴露于不同高度的环境中，使机体有足够的时间对环境变化进行代偿，以此减轻和消除由于缺氧所引起的各种症状。

◼ 高原环境特点

缺氧：从海平面到10万米的高空，氧气在空气中的含量均为21%。然而，空气压力却随着海拔高度的增加而降低，由此导致空气稀薄，因此氧气压力也随之降低。据测算，在海拔4 270米高处，氧气压力只有海平面的58%。所以，尽管氧气在大气中的相对比例没有变化，但由于空气稀薄，氧气的绝对量却变小了，由此导致了缺氧。

寒冷：根据气象测定，海拔高度每升高150米，气温会下降1摄氏度。一般海拔高度每升高1 000米，气温

高原环境特点

图说人类的健康与环境

下降6.5摄氏度。因此,高原地区的气温比同一纬度的其它地区更寒冷。

湿度低:高原的湿度较低,使人体排出的水分增加。据测算,高原上每天通过呼吸排出的水分为1.5升,通过皮肤排出的水分为2.3升,在不包括出汗的前提下,就达到同一纬度平原地区人体所有体液排出总和的1倍。

阳光辐射强:在海拔3 600米高处,宇宙间的电离辐射,紫外线强度和对皮肤的穿透力是海平面的3倍。另外,这些射线通过积雪的反射也非常强烈。据测定,积雪可将90%的紫外线反射回地表面,而草地的反射率仅为9%~17%。换句话说,由于积雪的作用,人体将遭受紫外线的双重辐射。

高原病

进入高原后2小时,由于缺少氧气,机体开始产生过多的红细胞以适应缺氧环境,血红蛋白每星期升高1.1克,约6星期后,机体血红蛋白将升高至原有水平的1.4倍,即20克左右。这种高血红蛋白症的现象在高原地区很常见,但回到低海拔地区后,高血红蛋白症会逐渐回到原来的水平,并在继续下降3星期后出现轻度贫血。

随后血红蛋白水平还会上升至正常。因此,从高原回到低海拔地区后的1个月左右,不宜重返高原,否则,处于贫血状态下的人体更容

高原上阳光辐射强

高原病产生的条件

易得高原病。

由于氧气压力较低，人体会因缺氧而过度换气，通气。在海平面安静状态下，人体每分钟需要250毫升氧气，也即须吸入5升的空气在肺内进行气体交换。而在海拔3 000米的高度，人体必须吸入7.5升的空气，才能满足身体对氧气的需要。此时，人们会感到呼吸急促，如果加上运动，就更有气不够用的感觉。

在高原上居住有利于慢性支气管哮喘的控制，这与治疗支气管哮喘所使用的低压氧舱原理相似，相当于在2 000～2 500米高地区的压力。高原四季分明，湿度低，空气中臭氧含量高，太阳光辐射强度高等，这些都有利于哮喘病人的康复。事实上，当地居民就很少患有呼吸系统的疾病。

由于缺氧，旅游者一般的情绪兴奋和轻微运动都会使心跳加速。初到高原，人体的晨脉，即清晨初醒时的脉搏较海平面水平高20%左右。10天后，晨脉应降至原来水平。通过测量晨脉的变化程度和恢复到原有水平的时间，可以判断人体对高原的适应能力。高原地区冠心病，动脉硬化，高血压，糖尿病，肥胖等疾病的发病率非常低，当地人血液中胆固醇，三酰甘油水平也很低。

在高原环境，担当人体免疫重任的T淋巴细胞会受到损害，使机体非常容易遭受细菌感染。

进入高原前的准备

从决定去高原旅游的那天起，就应当在日常生活中增加无氧锻炼的时间。无氧锻炼指大运动量的剧烈运动，可使机体对缺氧状态产生一定的耐受力。

准备一些常用的药品。在高原地区，呼吸系统非常容易感染，应带阿莫西林，罗红霉素等抗生素类药物。高原卫生条件有限，容易患肠胃炎，可以带上环丙沙星或磺胺类药物。还必须准备利尿剂乙酰唑胺，它是预防和治疗高原反应的主要药物，可以消除阵发性夜间呼吸暂停，提高夜间睡眠质量，减少晨起时的头痛。服用方法，每天两次，每次125毫克，或每天一次，每次250毫克。在进入高原前24小时开始服用。

高原地区早晚温差可达15～20度，需要带上足够的防寒衣物。准备好抗紫外线的防护用品。

如果乘飞机直接进入高原地区，在低海拔地区起航前一个晚上，要保证充足的睡眠，不吃油腻的食物，不喝酒。

如果乘汽车或火车进入高原地区，要做好每天的行程计划，最好每天上升高度控制在400～600米。每到一个新的高度，要休息几天，

进入高原前的准备

使体力逐渐恢复并适应高原缺氧的环境。如果徒步或骑自行车，更要根据自己的身体状况，事先请专家制定一个科学的登高方案。

高原肺水肿

高原肺水肿，急性高原病中恶性、严重的类型。其特点是发病急，病情进展迅速，多发于夜间睡眠时，不及时诊断和治疗者可危及生命。主要表现呼吸困难，咳泡沫痰，烦躁或嗜睡，合并感染时体温升高，心率快，第二心音亢进或分裂，有的出现心功能不全，两肺听诊可有干、湿罗音，眼底检查可见视网膜静脉弯曲扩张，视神经乳头充血，有出血斑。

患过高原肺水肿的人易再发，故不宜再进入高原。病人应卧床休息、吸氧，重者可进行高压氧治疗。

高原昏迷，又称高原脑水肿。急性高原病的危重类型。其特点是

高原肺水肿

严重脑功能障碍和意识丧失，发病急，有时昏迷迁延较久则留有后遗症甚至死亡。治疗原则是吸氧，转低地治疗，减轻脑水肿，采用中枢兴奋药。对危重病人可采用能量合剂和降温疗法，注意控制和预防继发感染。

高原红细胞增多症，常见的慢性高原病。机体长期慢性缺氧，体内的红细胞和血红蛋白代偿性增高，随之引起一系列缺氧表现。

高原心脏病，长期处于高原低

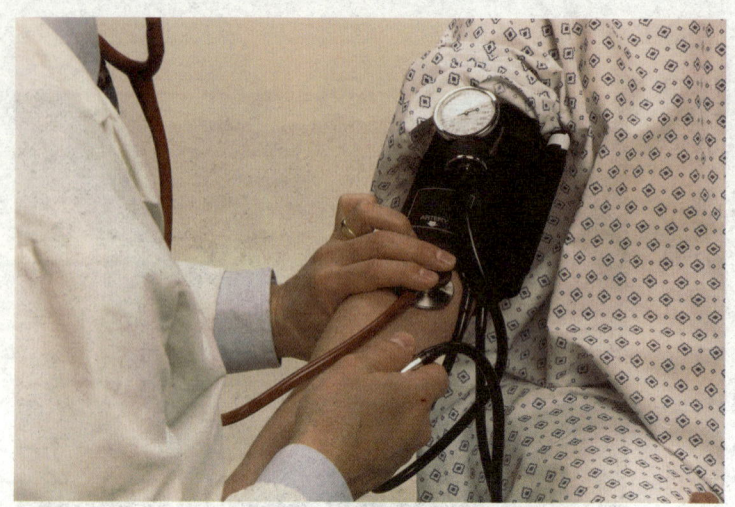

氧环境发生慢性缺氧，肺循环阻力增加产生肺动脉高压、心肌缺氧导致右心肥大和心力衰竭的一种心脏病。治疗方法为吸氧、抗心力衰竭、降低肺动脉压、镇静、控制呼吸道感染、转低地治疗等，也可用能量合剂。

高原血压异常，包括高原高血压、高原低血压和低脉压。高原高血压的治疗同原发性高血压。高原低血压和低脉压者应加强体力锻炼，提高肌体对高原低氧环境的适应能力，以改善心血管功能状态，提高心排血量。可服用补气活血类中草药。血压过低、症状严重者可转低地治疗。

 迷你知识卡

高血压

是指在静息状态下动脉收缩压或舒张压增高。高血压是一种以动脉压升高为特征，可伴有心脏、血管、脑和肾脏等器官功能性或器质性改变的全身性疾病，它有原发性高血压和继发性高血压之分。高血压发病的原因很多，可分为遗传和环境两个方面。

低血压

是指体循环动脉压力低于正常的状态。低血压由于高血压在临床上常常引起心脑、肾等重要脏器的损害而备受重视，高血压的标准世界卫生组织也有明确规定，但低血压的诊断尚无统一标准，一般认为成年人肢动脉血压低于 12/8 kPa（90/60 mmHg）即为低血压。

TUSHUO RENLEI DE JIANKANG YU HUANJING

第5章 振动
——容易被忽视的"健康杀手"

1. 低频振动
2. 噪声的孪生兄弟——振动污染
3. 地震和海啸是自然界振动
4. 振动对人体的影响
5. 音响也是"振动污染"
6. 全身振动与局部振动
7. 人为振动污染大于自然振动危害

◣ 低频振动

在美国曾发生过这样一件怪事：高速公路两旁的树木都莫名其妙地死掉了。开始人们都以为树是被汽车排出的废气毒死的。后来经过反复调查研究，才真相大白：罪魁原来是过往汽车造成的振动，破坏了树根和土壤的接触，最终导致树木死亡。振动能够对植物产生这样大的危害，那么对于人类呢？

人类生活的世界简直就是一个振动的世界。城市的地下铁道在振动，人们上班路上要被公共汽车摇来晃去，工厂里机床——车、磨、刨、铣、钻等无不产生不同频率的振动。振动可以严重危害人体健康，

低频振动对植物的危害

所以，被列为现代工业的一大污染。科学家们已经发现有许多严重疾病都是由于振动引起的。

有人做过人体实验，让受试者坐在椅子上，给他施加一个强度不太大的振动，振动频率由低到高慢

57

地铁是振动的来源之一

慢变化。

结果发现,振动频率低于1赫兹时,人的主要感觉是头内振动,持续几分钟后,有肌肉痛等不舒适的感觉;振动频率为1—2赫兹时,时间较久会使人会打瞌睡;3—4赫兹时,腰、胸局部有较大的振动感;5—8赫兹时,不舒适和难受之感达到最大,而且呼吸和讲话都受到干扰;8赫兹时感到腰部振动;9—30赫兹时感到脸、颊、颈部振动,视觉受到干扰;振动频率超过30赫兹时,上述感觉反而变弱。

来人体本身就有许多振动"装置"。当物体的振动与人体的振动频率相同时,人体的振动反应就达到最大,也就是产生了共振。据测定,人体反应最大的频率是5—8赫兹,其次是10—12赫兹,主要由于胸腰内脏共振所致;再次为20—25

赫兹。

人体的不同器官对于振动也有不同的反应,如手对18—50赫兹的振动最敏感,头部是2—30赫兹和500—1000赫兹,神经系统是250赫兹,上下颌为6—8赫兹。这就是为什么振动频率为18—50赫兹时视觉干扰最大,30—40赫兹时手部操作影响最严重,6—8赫兹时会出现语言障碍的道理。

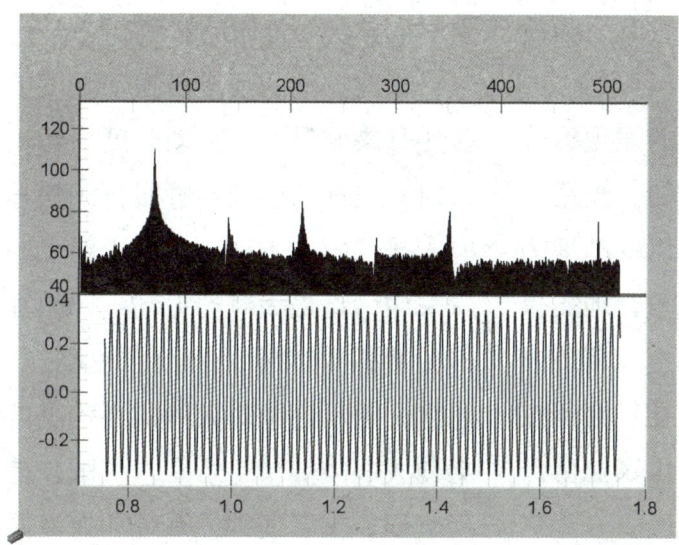

振动频率

那么人到底能承受多大的振动呢?一般来说,20赫兹以下的振动,加速振幅达到0.01克(1克相当于1倍重力)时开始引起人的注意;0.05克以上会使人感到舒适;超过0.3克后,就会造成人体器官平衡失调,开始会感到头晕、头沉、贪睡、疲倦、注意力衰退等。

器官失调后果严重,还会导致神经系统、心脏血管系统和运动系统的障碍。

噪声的孪生兄弟——振动污染

从物理角度来看,两者都是因物体振动产生的一种波,只不过传播的媒介不同而已,噪声是通过空气传播的,振动是通过固体传播的。

如人听到的火车鸣叫声是通过空气传入耳朵的,而把耳朵贴在铁轨上判断远处是否有火车开来,是火车运行时的振动通过铁轨传入朵的。当振动危及到人类的身心健康和生产活动时,便构成了污染。

在人类的生产、生活环境中,

人类的健康与环境

防振设施

振动有来自自然界的,也有人为活动造成的。

地震是自然界振动的表现形式之一,也是大家所熟悉的。当地壳内部发生剧烈变动时,以变动地为中心呈圆形波向四周扩散,地震仪接收到地震波时,就知道地震的方向和强度。强烈的地震往往会造成房屋倒塌、人员伤亡、工农业生产中断等危害。

随着经济的发展、现代生活的改善,人为活动引起的振动也日益增多:如地铁运行时,地面上的居民有时可以感觉到振动;重型卡车驶过楼房前、建筑工地上气锤打桩、工厂设备运转时等都会产生振动。

人为振动污染的危害主要有两方面:一是强烈的振动污染会造成经济损失。去年,南京某广场边的大楼施工时,就曾因打桩机振动过强,致使旁边的一家电影院墙体开裂,不得不把电影院拆掉重建。二是对人体身心健康的影响。

人对振动的反应用振动强度单位帕耳来衡量。当振动强度为40帕耳时,人开始感到不舒服;50帕耳时人普遍感到不适,相当于船上或汽车中颠簸最大时的振动;70帕耳时普遍感到疼痛或有晕船的感觉。总之,振动污染对人体的影响是:会使人心跳加快、恶心、失眠、神经衰弱,重者使神经系统和血液循环产生障碍。

地震和海啸是自然界振动

振动污染是指振动的幅度超过一定限度,使人的正常生理和心理遭受强烈刺激，造成工作环境和生活习惯发生严重失衡，致使人的心态出现逆反、狂躁、惊恐等症状。

振动污染与噪声污染都是因物体产生振动而产生，噪声污染通过空气传播，而振动污染通过固体传播。目前，人们对噪声污染已引起重视，但对振动污染还缺乏相应的认识和预防措施。

地震

自然界的振动主要有地震、海啸；人为活动主要有工业振动、交通振动和建筑振动。研究表明，人为活动引起的振动污染对人体的危害，已涉及血液循环系统、消化系统、呼吸系统、神经系统。当振动比较强烈时，会造成骨骼、肌肉、关节及韧带的严重损伤；当振动频率与人体内脏器官的固有频率一致时，会引起共振造成器官损伤。人们如果长期处于强烈的振动环境中，会由于接触不同频率的振动而受到不同程度的损害。

在日常生活中应如何避免振动污染？一方面要普及环境知识，增强防范意识，提高识别振动污染对人体危害的能力，自觉做到远离振动污染源。另一方面，要采用新的科学技术降低振动污染。如在火车、地铁、汽车等交通工具上加装减振装置，缓解振动。

振动对人体的影响

如果人长期处于强的振动下，会造成机体的损伤，引起各种病症，而且振动还会损坏机械设备和建筑结构，甚至导致机体破裂、建筑结构倒塌等。

根据振动作用于人体的部位，一般分为全身振动和局部振动。如坐车、乘船可出现晕车、晕船现象，即属于全身振动；由于使用锯、凿岩机、砂轮等振动工具而引起的手指麻木、疼痛等症状，即属于局部振动，但有时两者对机体的影响很难严格区分。

振动的频率对人体的影响。人体是一个弹性体，骨骼接近一般固体，但比较脆；肌肉比较柔软。

人体有不少的空腔和弹性系统。振动的频率对人体的主观影响通常起主导作用。因为身体各部分器官都有其固有频率，当外来的振动频率与人体上某一部分器官固有频率一致时，会引起那部分器官共振，因而对那部分器官影响也最大。

人体各部位的共振频率，全身为6赫兹，腹腔为8赫兹，胸腔为2～12赫兹，头部为17～25赫兹。人体系统对振动的效应，最主要的部件是"胸—腹"系统。而"胸—腹"系统对频率为3～8赫兹的振动有明显的共振响应。

振动的振幅或加速度对人体的影响。振动对人体的影响，常因振幅或加速度的不同而表现出不同的效应。当振动频率较高时，振幅起主要作用，比如作用于全身的振动在频率为40～102赫兹时，一旦振幅达0.05～1.3毫米，便对全身起有害作用。

当振动频率较低时，则振动加速度起主要作用。试验表明，人体处于匀速运动状态下是无感觉的，而且匀速运动的速度大

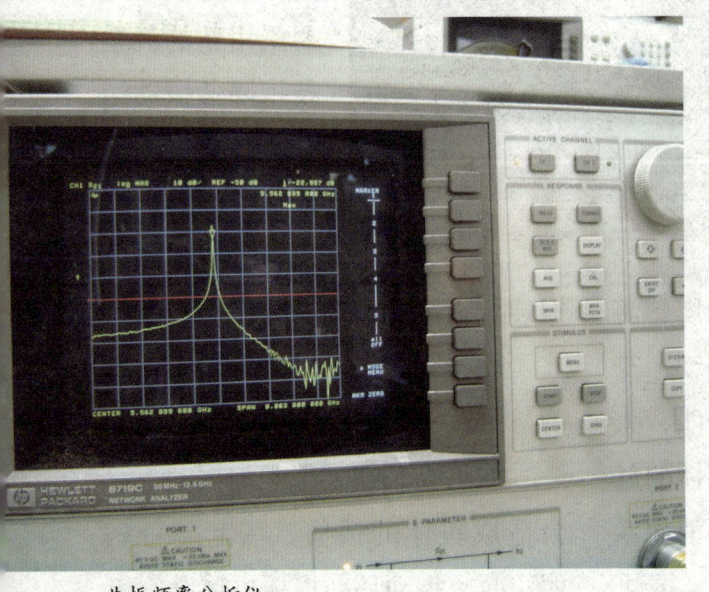

共振频率分析仪

立位时对垂直振动比较敏感，而卧位时对水平振动比较敏感。人的神经组织和骨骼都是振动的良好传导体。头部受振动能引起嗜眠。

◪ 音响也是"振动污染"

年轻的时尚一族，非常热衷到酒吧、迪厅娱乐，释放压力。殊不知，在强烈摇滚刺激下，人体的感官和内脏随着疯狂的蹦跳，就不由自主地发生振动，一种新型的振动污染也就应动而生。

提到"迪吧"，人们很容易联想到刺耳、响亮的噪音，但没想到，一些沉闷的"振动"因超标也可能影响到人们的身体健康。由于城市娱乐场所的数量与日俱增，大量的"低音炮"带来的振动污染，成为娱乐场所频被投诉的新"热点"。

振动是低频的，虽然没有刺耳的声音，但振动超标对人体的危害

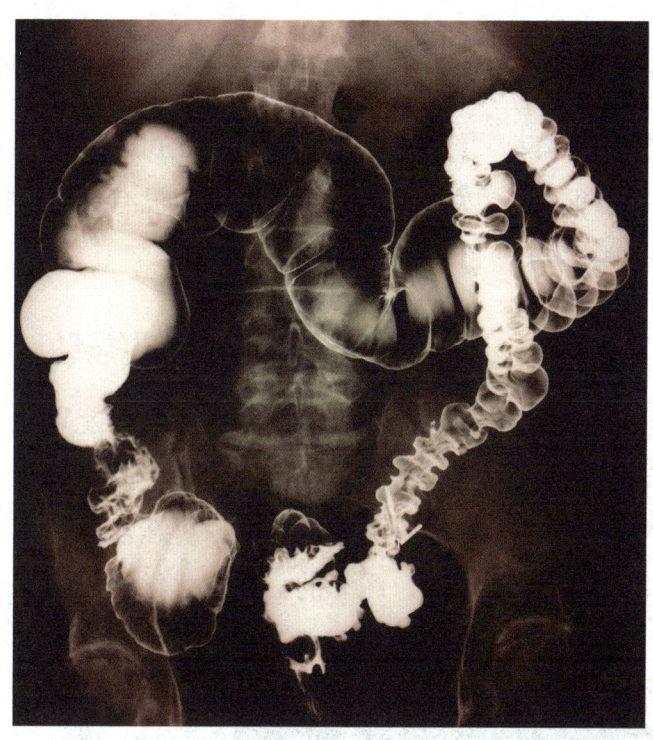

振动对人体内脏的影响

小对人体也不产生任何影响。

振动时间对人体的影响。在振动作用下的时间越长，对人体的影响就越大。短期适量的振动，不但没有害处，有时还起良好的作用，如电子按摩器等可用来消除身体疲劳，增加肌肉力量，恢复组织的营养，提高新陈代谢等。因此，评价一种振动对人体是否有危害，必须考虑人体暴露在振动下的时间长短才行。

振动对不同体位人体的影响。

很大，严重的还会引起神经衰弱、失眠、头痛，属于一种环境污染。

为什么关窗、隔墙仍挡不住阵阵"振动"？这跟传播途径有很大关系。高频噪声会随着传播距离的增加，或碰到障碍物而慢慢减弱，所以，娱乐场所里厚厚的墙纸和各种隔音设备，能够阻挡属于"高频"的歌声；相反，振动却能轻易穿越障碍物，"拐弯"传播，并具很强的穿透力，可以直达附近居民们的客厅、卧室。

关于振动超标的标准很早就已出台，只是苦于一直没有仪器检测，以前就算发现了此类污染，也拿不出监测数据作为处罚依据，所以振动污染不会再因为没有设备检测而"逍遥法外"。

全身振动与局部振动

接触强烈的全身振动可能导致内脏器官的损伤或位移，周围神经和血管功能的改变，可造成各种类型的、组织的、生物化学的改变，导致组织营养不良，如足部疼痛、下肢疲劳、足背脉搏动减弱、皮肤温度降低；女工可发生子宫下垂、自然流产及异常分娩率增加。一般人可发生性机能下降、气体代谢增加。

振动加速度还可使人出现前庭功能障碍，导致内耳调节平衡功能

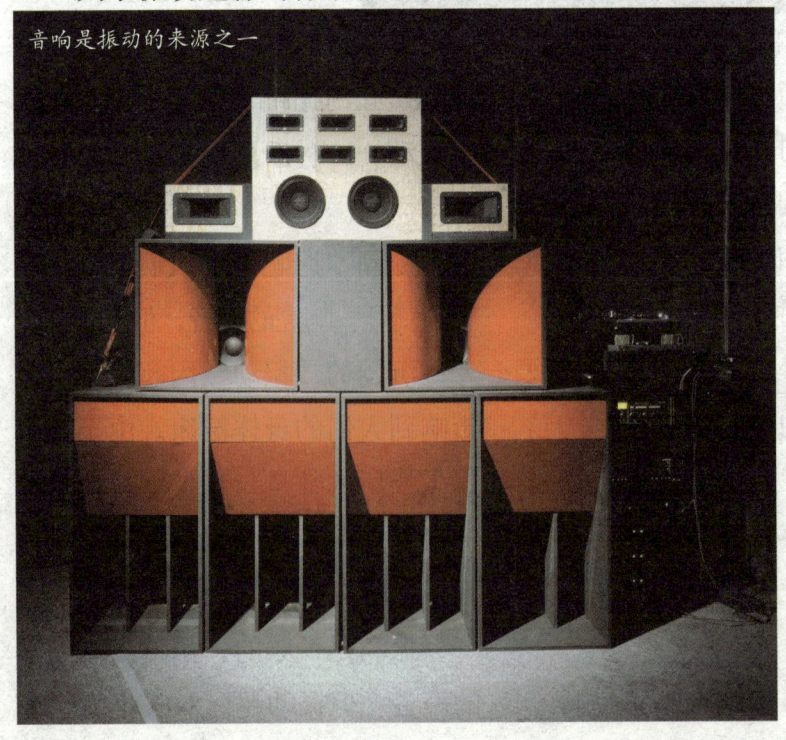

音响是振动的来源之一

失调,出现脸色苍白、恶心、呕吐、出冷汗、头疼头晕、呼吸浅表、心率和血压降低等症状。晕车晕船即属全身振动性疾病。全身振动还可造成腰椎损伤等运动系统影响。

局部接触强烈振动主要以手接触振动工具的方式为主,由于工作状态的不同,振动可传给一侧或双侧手臂,有时可传到肩部。

长期持续使用振动工具能引起末梢循环、末神经和骨关节肌肉运动系统的障碍,严重时可引起国家法定职业病—局部振动病。局部振动病也称职业性雷诺现象、振动性血管神经病或振动性白指病等。

主要是由于人体长期受低频率、大振幅的振动,使植物神经功能紊乱,引起皮肤振动感受器及外周血管循环机能改变,久而久之,可出现一系列病理改变。早期可出现肢端感觉异常、振动感觉减退。主诉手部症状为手麻、手疼、手胀、手凉、手掌多汗、手疼多在夜间发生;其次为手僵、手颤、手无力(多在工作后发生),手指遇冷即出现缺血发白,严重时血管痉挛明显。X片可见骨及关节改变。

振动的频率、振幅和加速度是振动作用于人体的主要因素。另外,气温(尤其是寒冷)、噪声、接触时间、体位和姿势、个体差异、被加工部件的硬度、冲击力及紧张等因素等均可影响振动对人体的作用。

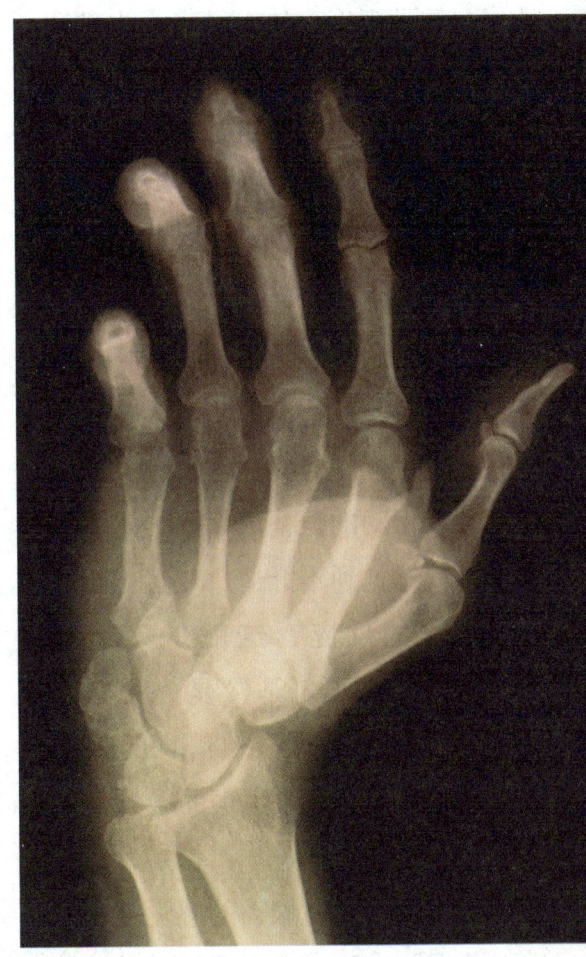

X光片下的手骨关节

人为振动污染大于自然振动危害

过量的振动会使人不舒适、疲劳,甚至导致人体损伤;其次,振动将形成噪声源,以噪声的形式影响或污染环境。

振动污染是指振动的幅度超过一定的限度,使人的正常生理和心理遭受强烈刺激,造成工作环境和生活习惯发生严重失衡,致使人的心态出现逆反、狂躁、惊恐等症状。

人体刚能感受到振动的信息,这就是通常所说的"感觉阈"。人们对刚超过感觉阈的振动,一般并不觉得不舒适,即多数人对这种振动是可容忍的。

振动的振幅加大到一定程度,人就感觉到不舒适,或者作出"讨厌"的反应,这就是"不舒适阈"。"不舒适"是一种心理反应,是大脑对振动信息的一种判断,并没有产生生理的影响。

振动振幅进一步增加,达到某种程度,人对振动的感觉就由"不舒适"进到"疲劳阈"。对超过疲

振动对人体的生理影响

劳阈的振动,不仅有心理的反应,而且也出现生理的反应。这就是说,振动的感受器官和神经系统的功能在振动的刺激下受到影响,并通过神经系统对人体的其他功能产生影响,如注意力的转移、工作效率的降低等。对刚超过"疲劳阈"的振动来讲,振动停止以后,这些生理影响是可以恢复的。

振动的强度继续增加,就进到"危险阈或者极限阈"。超过危险阈时,振动对人不仅有心理、生理的影响,还产生病理性的损伤。这就是说,这样强的振动将使感受器

官和神经系统产生永久性病变，即使振动停止也不能复原。

振动污染主要来源于自然界和人为活动两种。自然界的振动主要有地震、海啸，严重的会造成房屋倒塌、人员伤亡、生产中断。而人为活动引起的振动主要有工业振动，如工厂中的大型冲压机器、交通振动，如铁路、地铁、汽车行驶和建筑振动，如工地上汽锤打桩、用电钻打眼等。相比之下，人为活动引起的振动污染远远大于自然振动带来的危害。

人为活动引起的振动污染对人体健康的危害，已涉及到人的血液循环系统、呼吸系统、消化系统、神经系统等，当振动比较强烈时，还会造成骨骼、肌肉、关节及韧带的严重损伤。更为可怕的是，当振动频率和人体内脏器官的固有频率一致时，还会由于引起共振而造成内脏器官损伤，导致呼吸加快，血压改变，心跳加快等一系列不良反应。

海啸

迷你知识卡

减轻振动污染危害的方法

一种是远离振动污染源。但因振动的特点，除非"足够远"才能免除振动污染的危害，此法在"寸土寸金"的城市并非最佳方法。

二是采用特殊装置附加在振源地或受害处。如在火车、汽车、地铁等运输工具上加装减振钢板，弹簧来达到减免对所载物品和周围的振动；在锻锤、气锤等设备上安装减振器，减轻对周围环境的影响；在环太平洋地区多地震的国家如日本，建房子时，为避免地震造成的破坏，将高大的楼房建筑在特制的减振器上。

图说人类的健康与环境

第6章 水污染
——人类生存环境的"头号杀手"

1. 细数水污染的危害
2. 中国水污染事件大盘点
3. 水污染"黑洞"
4. 水污染分类
5. 涪江污染事件
6. 未来，水比石油昂贵
7. 沱江"3.02"特大水污染事故

细数水污染的危害

水体污染影响工业生产、增大设备腐蚀、影响产品质量，甚至使生产不能进行下去。水的污染，又影响人民生活，破坏生态，直接危害人的健康，损害很大。

水污染后，通过饮水或食物链，污染物进入人体，使人急性或慢性中毒。砷、铬、铵类等，还可诱发癌症。被寄生虫、病毒或其它致病菌污染的水，会引起多种传染病和寄生虫病。重金属污染的水，对人的健康均有危害。被镉污染的水、食物，人饮食后，会造成肾、骨骼病变，摄入硫酸镉20毫克，就会造成死亡。

铅造成的中毒，引起贫血，神经错乱。六价铬有很大毒性，引起皮肤溃疡，还有致癌作用。饮用含砷的水，会发生急性或慢性中毒。砷使许多酶受到抑制或失去活

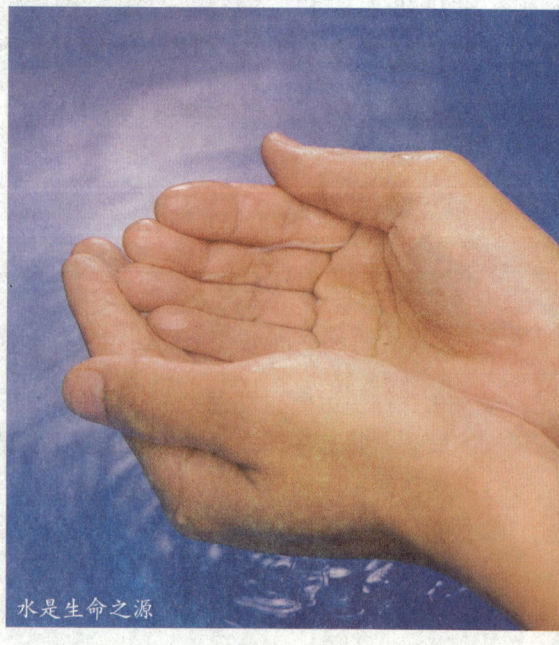

水是生命之源

农业用水

性，造成机体代谢障碍，皮肤角质化，引发皮肤癌。有机磷农药会造成神经中毒，有机氯农药会在脂肪中蓄积，对人和动物的内分泌、免疫功能、生殖机能均造成危害。稠环芳烃多数具有致癌作用。

氰化物也是剧毒物质，进入血液后，与细胞的色素氧化酶结合，使呼吸中断，造成呼吸衰竭窒息死亡。我们知道，世界上80%的疾病与水有关。伤寒、霍乱、胃肠炎、痢疾、传染性肝类是人类五大疾病，均由水的不洁引起。

农业使用污水，使作物减产，品质降低，甚至使人畜受害，大片农田遭受污染，降低土壤质量。海洋污染的后果也十分严重，如石油污染，造成海鸟和海洋生物死亡。

溶解氧不仅是水生生物得以生存的条件，而且氧参加水中的各种氧化还原反应，促进污染物转化降解，是天然水体具有自净能力的重要原因。

含有大量氮、磷、钾的生活污水的排放，大量有机物在水中降解放出营养元素，促进水中藻类丛生，植物疯长，使水体通气不良，溶解氧下降，甚至出现无氧层。以致使水生植物大量死亡，水面发黑，水体发臭形成"死湖"、"死河"、"死海"，进而变成沼泽。这种现象称为水的富营养化。

中国水污染事件大盘点

松花江水环境污染：2005年11月13日，中石油吉林石化公司双苯厂发生爆炸事故，造成大量苯类污染物进入松花江水体，引发重大水环境污染事件。这一事件给松花江沿岸特别是大中城市人民生活和经济发展带来严重影响。

广东北江水污染：2005年12月，当时，广东环保部门监测发现，该省北江韶关段近年出现镉超标现象，经跟踪监测，镉超标的高峰值沿江下移，从孟洲坝电站断面到高桥断面全部超过标准，12月15日高桥断面镉超标近10倍，严重威胁下游饮用水源安全。经该省环保局联合调查组初步确认，此次北江韶关段镉严重超标，是由韶关冶炼厂设备检修期间超标排放含镉废水所致，是一次由企业违法超标排放导致的严重环境污染事故。

无锡太湖蓝藻爆发：2007年5月，太湖中蓝藻暴发导致水质恶化，无锡居民饮水受到严重影响，自来水开始出现变味、发臭等现象。对于无锡蓝藻的爆发，环保部门认为既有自然因素，也

水源工业污染

有人为因素。

自然因素主要是当时太湖水位比往年偏低，同时，暖冬天气对蓝藻的生长有利。人为因素则是由于太湖污染严重，湖体中的氮磷浓度偏高，造成蓝藻生长迅速。

淮河水污染事件：1994年7月，淮河上游因突降暴雨而采取开闸泄洪的方式，将积蓄于上游一个冬春的2亿立方米水放下来。水经之处河水泛浊，河面上泡沫密布，顿时鱼虾丧失。下游一些地方的居民饮用了虽经自来水处理但未能达到饮用标准的河水后，出现恶心、腹泻、呕吐等症状。经取样检验证实，上游自来水水质恶化，沿河各自来水厂被迫停止供水达54天之久，百万淮河民众饮水告急。

北江镉污染事故：北江是珠江三大支流之一，也是广东各市的重要饮用水源。2005年12月15日北江韶关段出现了严重镉污染，高桥断面检测到镉浓度超标12倍多。

韶关地处北江上游，一旦发生污染将直接影响下游城市数千万群众的饮水安全。经调查发现，此次北江韶关段镉污染事故，是由韶关冶炼厂在设备检修期间超标排放含镉废水所致，是一次由企业违法超标排污导致的严重环境污染事故。

水的污染使生物死亡

图说人类的健康与环境

自来水蓄水池

重庆綦河水污染：因取水点被污染导致水厂停止供水，重庆綦江古南街道桥河片区近3万居民，从2005年1月3日起连续两天没有自来水喝，綦江齿轮厂也因此暂停生产。经卫生和环保部门勘测，河水是被綦河上游重庆华强化肥有限公司排除的废水所污染。

白洋淀死鱼事件：2006年2月和3月份，素有"华北明珠"美誉的华北地区最大淡水湖泊白洋淀，相继发生大面积死鱼事件。调查结果显示，水体污染较重，水中溶解氧过低，造成鱼类窒息是此次死鱼事件的主要原因。这次事件造成任丘市所属6 400公顷水域全部污染，水色发黑，有臭味，网箱中养殖鱼类全部死亡，淀中漂浮着大量死亡的野生鱼类，部分水草发黑枯死。

江苏沭阳水污染：2007年7月2日下午3时，江苏省沭阳县地面水厂监测发现，短时间、大流量的污水侵入到位于淮沭河的自来水厂取水口,城区生活供水水源遭到严重污染,水流出现明显异味。经过水质检测,取水口的水氨氮含量为每升28毫克左右,远远超出国家取水口水质标准。整个沭阳县城停水超过40小时。

水污染"黑洞"

全国七大水系,即珠江、长江、淮河、黄河、海河、辽河以及松花江的411个地表水监测断面中,有27%为劣V类水质,基本丧失使用功能。虽然七大水系劣V类比重稍有下降,为26%;但在全国地表水中,所占比例仍高达28%。

实际上,这仅仅是一个平均数字。在水资源相对短缺的北方地区,污染状况更加令人触目惊心,

水污染严重

图说人类的健康与环境

有河皆枯，有水皆污

"有河皆枯，有水皆污"并非虚言。

从水利部的统计数字来看，海河和辽河两大流域劣Ⅴ类水质所占的河流长度，都超过了半数；而在海河流域南系的子牙河、大清河以及海河干流，这个比例甚至接近三分之二。

在这样的大环境下，城市饮用水的安全自然失去保障。全国113个环保重点城市的222个地表饮用水水源地，平均水质达标率只有72%。

地表水遭到污染后，污染物会向地层深处逐步渗透，目前中国约二分之一的城市市区地下水也污染严重。在城市之外，全国人大环资委提交的报告中指出，在整个淮河流域，50米以内的80%浅层地下水都已经变成Ⅴ类水质，丧失了水功能；50米至300米的中层地下水，也已出现局部污染。

在小城镇以及广大农村地区，实际的污水排放量以及支流、内河的受污染程度，很可能"要比目前公布的数字更为严重"。

在媒体的公开报道中，COD（化学需氧量）的浓度几乎被看成水体污染程度的惟一指标。的确，水体中能被氧化的物质在被氧化时消耗的氧气量，可以很好地反映水中的有机物污染程度。COD浓度越高，说明消耗的氧越多，污染程度也越深。

然而，COD指标实际上只能反映水污染的"冰山一角"。即使加上其他"主要污染指标",比如总磷、总氮、氨氮、高锰酸盐等,也难以真实地还原水污染的各个侧面。

事实上,大量工业污水的成分,远比现有的常规检测项目所能涵盖的内容复杂得多。其中的多种化学成分,都可能对人体产生致畸、致癌、致突变效应。

水污染分类

病原体污染:生活污水、医院污水、畜禽饲养场污水等,常含有病原体,如病毒、病菌和寄生虫。这类污水如不经过适当的净化处理,流入水体后,即会通过各种渠道,引起痢疾、伤寒、传染性肝炎及血吸虫病等。

需氧性污染物:生活用水,造纸和食品工业污水中,含有蛋白质、油脂、碳水化合物、木质素等有机物。这类物质随污水进入水体后,在微生物对它们的分解过程中,需要消耗水体中的溶解氧,使水体含氧减少,从而影响鱼类和其他生物的生长繁殖。

当水中的溶解氧耗尽后,水中的有机物即产生厌氧消化,生成甲烷、硫化氢等,使水体出现臭味,危害水生生物的生存。

被污染的水

植物营养污染物：造纸、皮革、食品、炼油、合成洗涤剂等工业污水和生活污水以及施用磷肥、氮肥的农田水，含有氮、磷、钾等营养物，如果大量的这类污水排入水体，使营养物质增多，引起藻类及其他浮游生物暴发性繁殖。

这类物质多呈红色，称"赤潮生物"。赤潮生物的大量繁殖，会覆盖水面，附在鱿类肋上，使它们呼吸困难。死亡的赤潮生物被微生物分解，消耗掉水中的溶解氧。有些赤潮生物体内及其代替产物含有生物毒素，常常引起鱼贝类中毒死亡，并能通过食物链，危害人体健康。

石油污染物：多发生在海洋中，主要来自油船的事故泄露、海底采油、油船压舱水以及陆上炼油厂和生化工厂的废水。

剧毒污染物：主要是重金属、氰化物、氟化物和难分解的有机污染物，它们大都来自矿山、冶炼废水，它们都富集在生物体中，通过食物链，危害人类健康。

涪江污染事件

四川省阿坝州松潘县境内一电解锰厂尾矿渣暴雨后流入涪江，造成涪江江油、绵阳段200多千米水体指标超标。政府曾发公告，呼吁市民勿饮用自来水。绵阳超市饮用水因此抢购一空。涪江污染影响沿岸江油至绵阳段城乡过百万居民正

石油污染水源

涪江水污染事件

常饮食用水。

过百万居民相当于一座大型城市的人口，仅从饮水受影响人数来说，这可以视为一次重大的污染事件，并且它已在当地造成了一定程度的危机。污染事件发生后，绵阳市发布了政府公告，并组织调度了干净的饮用水供应给居民，这是处置事件的必要举措。

涪江污染事件只是近年来中国众多环境事件中的一个，它不算是最大的，也不是最严重的。很多时候，人们关注环境污染事件，但对一起事件的发生并不感到太多震惊或意外。

环境污染无时无地不在发生，有的被关注和报道，有的没有；泄漏、排污、风雨等自然因素，水体、土壤、大气，污染呈现的样态和方式也是多样的。可以说，环境污染已经成为当前中国的一个基本语境。

四川涪江属于我国中西部地区，当地一些工业企业很可能就是潜在的污染源，另外随着沿海地区的环保产业政策收紧和产业结构调整，不少高污染、高耗能企业正在从东部向中西部转移，这将使中西部地区的污染问题雪上加霜，该地区的环境风险可能进一步扩大，污染也可能逐渐走向深重。

未来，水比石油昂贵

全球正在面临水破产的危机，水资源今后可能比石油还昂贵。全球70%的主要河流将在20年内陷入"水资源破产"的困境。随着水资源缺乏、污染问题越来越严重，生命之源的水开始成为战争的导火索。

尼罗河流经的10个国家中，卷入河水争执的首先是苏丹、埃塞俄比亚和埃及。为了水资源问题,埃及除了同苏丹有麻烦外,还跟控制着尼罗河的各条支流的埃塞俄比亚有纠纷。而多次中东战争均与水资源的争夺有关。从20世纪50年代起,因约旦河水资源分配问题,以色列、约旦、叙利亚和黎巴嫩等国频繁发生争端。

在缺水地区,"水安全"堪与"国家安全"相提并论。全世界有一半的人口生活在与邻国分享河流和湖泊系统的国家里。地球上有214个河流和湖泊系统跨越一条或若干条国界。而到现在为止,还没有一条法律就这些国际河流的分配及利用做出明确的规定,在水资源日益紧缺的今天,水源冲突很可能会是世界上的一大祸根。

我国是一个干旱缺水严重的国家。人均淡水资源不足世界平均水平的四分之一、在世界上名列110位,已被联合国列为13个贫水国家之一。人均可利用水资源量仅为900立方米,并且分布极不均衡。中国多数城市地下水已经受到一定程度污染,并且有逐年加重的趋势。日趋严重的水污染不仅降低了水体的使用功能,进一步加剧了水资源短缺的矛盾,而且还严重威胁到城市居民的饮水安全和健康。

沱江"3.02"特大水污染事故

四川省的名字来源于它境内的四条河流。它们丰沛的水源,造就了四川这个天府之国。可是2004年2月到3月,这四条河流之一的沱江,却给天府之国带来了一场前所未有的生态灾难。

大量高浓度工业废水流进沱江,四川五个市区近百万老百姓顿时陷入了无水可用的困境,直接经济损失高达2.19亿元。这起事件,被国

水污染是生态灾难

家环保总局列为近年来全国范围内最大的一起水污染事故。造成此次特大水污染事故的原因，是川化股份公司在对其日产100万千克合成氨及氨加工装置进行增产技术改造时，违规在未报经省环保局试生产批复的情况下，擅自对该技改工程投料试生产。

在试生产过程中，发生故障致使含大量氨氮的工艺冷凝液（氨氮含量在每升1 000毫克以上）外排出厂流入沱江。同年2月至3月期间，一化尿素车间、三胺一车间、三胺二车间的环保设备未正常运转，导致高浓度氨氮废水（氨氮含量在每升1 000毫克以上）外排出厂。

川化公司工业废水中氨氮的含量应执行的国家标准为每升60毫克以内，其进入区污水处理厂的污水的进水指标中氨氮含量要小于每升75毫克。因此，川化股份公司排放水氨氮指标严重超过强制性国家环境保护标准，且持续时间长，造成沱江干流特大水污染事故的发生。

 迷你知识卡

环境疾病

1. 大气污染集中在城市，使呼吸道疾病显著增加。
2. 饮水不洁或缺水，造成水质病患的流行和传播。如氟骨病、传染性肝炎等。

职业病

各行业由于小环境的影响有不同的职业病，如矿石粉尘引起的硅肺；某些化工厂由一氧化碳、烟雾引发的心绞痛；雷达、射频设备等引起的电磁辐射病（白内障、心律不齐、神经衰弱、失眠、脱发等）。

环境污染而导致流行性感冒

地方病

指发生在某一特定地区，同当地自然环境有密切关系的疾病。地方病在该地区往往流行年代久远，且患者病变有共同特征，由环境的化学和生物效应引起。如一个地区碘元素分布异常，可引起地方性甲状腺肿大或地方性克汀病；氟元素过多可引起地方性氟中毒；还有克山病、大骨节病、水俣病、痛痛病等地方病。

图说人类的健康与环境

第7章 土壤环境
——人类赖以生存的空间

1. "癌症村"
2. "耕地已死"不是骇人听闻
3. 世纪之"痛"
4. 客土：置换被污染的土壤
5. 偷倒毒垃圾被判刑
6. 全国2 000万公顷耕地遭重金属污染
7. 土地成最后的"垃圾箱"？

"癌症村"

在土地遭受重污染的情况下，《经济参考报》记者在内蒙古、辽宁、湖南三地土地污染带职业病高发地区调查发现，当地政府多对发病情况知之甚少，即使知道也表现"漠然"。

调查了7万人25年的健康记录后发现，从1965年到2005年，骨癌、骨痛病人数都呈上升趋势。在重金属污染的重灾区株洲，当地群众的血、尿中镉含量是正常人的2至5倍。

内蒙古的河套地区因土地污染地下水质量较差，造成砷中毒、氟中毒等地方病较为严重的情况。

河套地区共有近30万人受砷中毒威胁，患病人群超过2 000人。巴彦淖尔盟五原县杨家疙瘩村是砷中毒的重点区，该村病人多，而且死亡人数也多，主要是以癌症为主，大

土地污染

化学工厂污染土地

多在壮年时就由于病魔的折磨而过世。嫁过来的媳妇三年后就出现砷中毒病症,村里的光棍越来越多了。

呼和浩特市和林格尔县董家营到托克托县永圣域乡一带是氟中毒的重点区域,地下水氟含量在河套地区最高。该区几个重点村的村民均有不同程度的氟中毒症状。

很多村民牙齿发黑、疏松,骨质疏松。这里有的村民为了孩子健康,自己喝当地水,给孩子们买矿泉水。

距离包钢尾矿坝西约两千米的打拉亥村由于受尾矿水的下渗造成地下水以及粮食中的稀土元素、氟元素以及其他重金属元素的污染,使该村的居民受到严重危害。各种怪病多,以心血管病、癌症、骨质疏松为主,一个近十岁的小女孩,没有长出一颗牙齿。

辽宁省锦州葫芦岛一带,土地主要受锌厂污染影响,污染元素以镉、铅、锌为主。此类元素攻击人的肾器官和骨骼,造成骨质疏松。在日本,这叫"骨痛病",属比较常见的职业病。这里得癌症的人群比较多，年轻人死得多，单亲家庭多。最小的死亡者年龄均在四十五六岁。

◪ "耕地已死"不是骇人听闻

与人们司空见惯的水污染、空气污染不同，土地污染具有隐蔽性和滞后性，需要多年积累而成，难以察觉，容易被人类忽视，但危害却更为深远。

土地污染后，单纯依靠土壤的自然修复，要花费几百乃至上千年时间。土壤是构成生态系统的基本环境要素，是人类赖以生存和发展的物质基础，然而我们面临的现实却是：在种子变得越来越优良的同时，全球的土壤却越变越糟，如果不根本改良土壤，整个世界都将深陷粮食危机。

"耕地已死"不是耸人听闻，而是正在发生的现实。工业化和城市化的快速发展不仅无情地吞噬着宝贵的土地，还无情地侵蚀着难以再生的耕地。目前，耕地的土壤质量急剧下降，土地污染尤其是耕地污染越来越严重，这不仅对中国的耕地资源造成了巨大的破坏，还对人们的身体健康造成了极大损害。

我国的土地污染也已成为粮食和人民生命安全的严重威胁。我国耕地总量的三分之二都是中低产田。在土地数量不断减少的同时，由于过度施用化肥农药，采矿、工

被污染的土地

被污染的土地上长满了果实

厂的重金属污染，土地质量也在加速退化。

城市虽然繁华，但土地污染却不会被厚厚的水泥板掩盖，它就在我们的脚下潜伏；农村虽然广袤，但土地污染却早已潜滋暗长，呈现星火燎原之势，它正向每一片田野蔓延。土地污染已深刻影响到农产品安全、食品安全和居住环境、人体健康，更已构成国土资源环境安全和经济社会可持续发展的重大威胁。

土地污染90%由重金属污染引起，其最直接的危害是给人们生活带来重大隐患，即生命安全受到挑战。重金属主要存在于40厘米以上的土层中，既不易转移也不易被微生物分解，植物吸收是必然的结果，最终这些重金属将通过食物链进入人体。

世纪之"痛"

上世纪六七十年代，日本经历了快速经济增长期，全国各地出现了严重的环境污染事件，被称为四大公害的痛痛病、水俣病、第二水俣病、四日市病，就有三起和重金属污染有关。

现年98岁的彬野，在她96岁才被诊断出是镉污染的受害者。她患的疾病异常罕见，无法行走，亲人甚至无法搀扶她，搀扶和接触都会令她的骨骼疼痛加剧。这种被命名为"痛痛病"的神秘疾病，曾经肆虐在本州岛中部的神通川流域，直到现在它依然像一个幽灵般出没。

从河流到土壤再到住民，矿毒在神通川的侵袭深入的60年，就像一场旷日持久的破坏性地震。而从上世纪70年代开始的重生，其艰难不亚于地震后的重建，甚至这种过程的复杂程度有过之而无不及。

40年过去了，受害者仍然生活在不安中，日本社会也为此付出了巨大的经济代价，而土地污染的阴影仍未消除。

土地干裂

彬野是至今仍幸存的少数受害者之一，她银白色的头发稀疏，弱小身躯蜷缩成一团，在医院病床上长睡不起,亲人每天都会来探视她。但她对外面的世界毫无知觉，一根输送养料的管子直插入她的肠胃，同时和养料一起输送的还有一种对骨痛有缓解作用的药物维生素D。

之前在别的医院，彬野曾被诊断为骨质疏松和肾萎缩，这些都是痛痛病患者的典型症状。在荻野医院检查后，医生青岛惠子建议她去做一个痛痛病专家鉴定。

像彬野一样经过国家认定的"痛痛病"患者共有195名，还有404名疑似患者曾经接受过医学观察，他们在等待中陆续死于肾功能衰竭。

痛痛病最初的病症是全身骨头酸痛，这通常会被患者忽视，被误认为是过度劳累。之后骨质疏松的过程开始，患者的疼痛遍及全身，最终导致骨软化症状，丧失劳动能力。痛痛病在日文里的Itai-Itai，正是痛苦的叫喊声。

客土：置换被污染的土壤

科学家们在1975年向日本政府提出了一个方法，置换土壤，把镉土埋到25厘米深的地下。严格来说，这不叫修复，而叫"客土"，"因为被污染的土壤仍然埋在地下"。这是一项浩大的工程。

县被认定为受到污染需要修复的土地共有1500公顷。这项工程后来被命名为"土壤复原事业"。在随后漫长的40年里，这项事业被证明是耗时耗资的过程。

在六七十年代的环境污染事件之后，土壤修复亦成为日本农业科学属目中的一个重要学科。

现年已70岁高龄的东京大学教授茅野充男还是国立农业研究所的年轻人，现在他已经成为日本最重要的农业和土壤学者之一。他研究的一个领域是，如何减少植物对土壤中重金属的吸收，如何减少土壤污染。

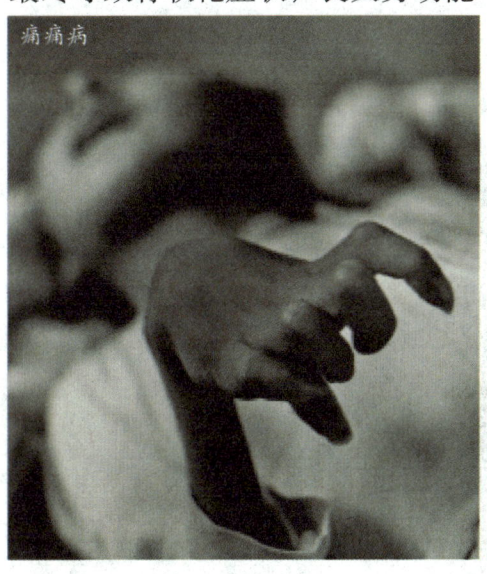
痛痛病

茅野充男的重金属研究和日本土地污染和治理的历史正好重合。上世纪70年代，日本经历了高速发展，环境保护让位于工业和矿产开掘，重金属污染事件在全国各地都有发现。

人们对重金属的污染有一个循序渐进的认识过程，"最早发现的是那些影响植物生长的金属，比如镍和铬，然后人们发现了镉"。镉不会影响水稻的生长，但摄入镉会损伤人的肾脏。它们都对植物生长有影响，铬同时是一种可能致癌的重金属元素。

可以想象的是，"复原"需要相当长的时间和巨大的财力支持，所以直到现在，富山县的土壤修复仍然没有完成。车行在富山县的乡间道路上，仍不时能看到一大片正处在修复状态的田地，刚刚被卡车拉来的新土覆盖。

虽然客土带来对山区生态的影响，也在受到学界关注，但茅野博士说，"在70年代，这是唯一的办法"。至今，客土仍然在日本各地广泛使用。

然而和治水相比，治土是一个更为艰巨复杂的过程，在1971年土壤污染被列入公害之后，日本制定了《土地污染防治法》，按照此法，各地方政府必须自行安排土地调查，由地方指定污染地区，然后自行制定修复计划。

复原土壤实在太贵了，日本环

客土置换

境省官员介绍,现在修复1公顷土地的费用,大约是2 000万到5 000万日元(折合人民币相当于几百万元)。过去40年的土壤修复费用,共约420亿日元,折合人民币将近30亿。而这还不是终点。

偷倒毒垃圾被判刑

为牟取非法利益,安徽淮南一农民异地偷运毒垃圾进行掩埋,造成土壤和井水污染。安徽省淮南市中级人民法院对此案作出终审判决,被告人魏洪奎犯重大环境污染事故罪,被判处有期徒刑三年零六个月,并处罚金五万元。

被告人魏洪奎系淮南市大通区上窑街道上窑镇外窑村村民,为牟取非法利益,2010年8月份以来,被

土地复原需要大量资金

图说人类的健康与环境

污染土地的有毒化学垃圾

告人魏洪奎从江苏省连云港市一化工厂和安徽省铜陵市一化工厂,先后四次拉回化工废料共计3万千克左右,分别倾倒在本市大通区上窑镇外窑村焦山、魏山和小花园三处并进行掩埋,造成掩埋处土壤及附近井水受到污染。

经安徽省环境检测中心站检测,化工废料中含有二甲基硝基苯,属中度毒性的危险废物。

截止到2011年8月29日,上窑镇政府为转移、处理化工废料和受污染土壤以及为受污染影响的群众拉生活用水等共花费239万余元。

法院认为,被告人魏某违反国家规定,向土地倾倒有毒物质,造成重大环境污染事故,致使公私财产遭受重大损失,其行为已构成重大环境污染事故罪。

全国2 000万公顷耕地遭重金属污染

农业部进行的全国污水灌溉区域调查统计显示,140万公顷污染灌溉区中,遭受重金属污染土地面积占农田灌溉区面积的64.8%,每年被重金属污染的粮食达120亿千克,造成直接经济损失超过200亿元!

农业生产环境的安全与否,直接决定了农产品的质量与安全,而食品大多数来源于农产品,农产品不安全,加工出来的食品当然也不会安全。

我国有2 000万公顷耕地受到重金属污染,占全国农田总数的六分之一,经济越发达,土壤污染越严重。在广东,清洁土壤只有11%,轻度污染占总耕地数量的77%,重度污染土壤占总量的12%左右;太湖流域,有三分之一的耕地受到了污染,湖北省受三废污染的耕地面积已经达到40万公顷,占全省耕地面积的10%;湖南冷水江河水污染严重,37%水稻田重金属超标几倍;沈阳因土壤镉污染,致使大米成为镉米。瘦肉精猪肉、染色馒头、地沟油……近年来问题食品五花八门。食品加工过程中,添加剂、加工机械、包装材料、包装机械、加工人员诸多环节都可能对食品安全造成威胁。

即便是在安全的环境中生产出的安全的食品,在食品流通过程,在储存、运输、销售的环节中,由于无法监督,无据可查,也无法保证百分百的安全。

物联网是解决食品安全问题的途径之一。物联网可以用在农业生

被污染的大米

图说人类的健康与环境

土地成为最后的"垃圾箱"

产环境监控、农业生产过程监控和农产品的品质检测等领域,土壤是否受到污染,畜禽是否健康,甚至包括水果的品质,都可以从物联网上知道得一清二楚。

土地成最后的"垃圾箱"?

截至20世纪末,我国受污染的耕地面积达2 000多万公顷,约占耕地总面积的五分之一,其中工业"三废"污染面积达1 000万公顷,污水灌溉面积为130多万公顷。每年因土壤污染粮食减产就达100亿千克,还有120亿千克粮食受污染,二者的直接经济损失达200多亿元。

这些数字读来让人揪心。众所周知,土地是我们最后的"垃圾箱",所有污染(包括水污染、大气污染)的90%最终要归于土壤。2 000多万公顷耕地被污染的现状,其实是我国整体生态环境形势严峻的一个缩影。

上世纪五六十年代,对环境问题尚无足够认识的日本部分地区片面追求工业和经济发展,曾发生了两起震惊世界的环境公害事件:富山县因高含镉大米导致的慢性中毒,引发了"骨痛病";熊本县因汞污染引起"水俣病",造成2 248人中毒,其中死亡1 004人。这些都是因为土壤、水体长时间污染,进而导致农产品和养殖水产品污染而引起的。

近10年来,现代工业于快速发展,在带来GDP不断增长的同时,也带来了触目惊心的土壤污染。这种污染,正在通过被渗透的土壤和生长于其上的蔬菜、农作物,侵害着我们的身体。

一些地方政府在片面追求GDP增长的思想误导下，放松了环境保护这根弦，最为常见的是对资源进行毁灭性开发和利用。

2006年8月，甘肃省徽县发生的"铅中毒"事件就是一个典型的案例。当时，这个县水阳乡的两个村庄共有368人查出血铅超标，其中14岁以下的儿童149人。经环保部门调查发现，位于这两个村庄附近的一家铅冶炼厂是重要污染源，造成当地土壤、空气和水体污染。

有专家指出，一个占地10公顷的污染企业每年可能给当地政府带来成百上千万元的税收，殊不知，如果这10公顷土地被污染，可能需要花上亿元甚至十多亿元的投入才能恢复。如果不加以治理，仅由土壤本身自然恢复，一般需要耗费两三百年甚至上千年的时间。

生态环境受到破坏

迷你知识卡

我国环境状况

1. 大气污染属煤烟型污染，以尘和酸雨危害最大，污染程度在加剧。
2. 酸雨主要分布在长江以南、青藏高原以东地区及四川盆地。华中地区酸雨污染最重。
3. 江河湖库水域普遍受到不同程度的污染，除部分内陆河流和大型水库外，污染成加重趋势，工业发达城镇附近的水域污染尤为突出。
4. 七大水系（珠江、长江、黄河、淮河、海滦河、辽河、松花江）中，黄河流域、松花江、辽河流域水污染严重。
5. 大淡水湖泊总磷、总氮污染面广，富营养化严重。
6. 四大海区以渤海和东海污染较重，南海较轻。
7. 渔业水域生态环境恶化的状况没有根本改变，并呈加重趋势。
8. 城市环境污染呈加重趋势。
9. 城市地面水污染普遍严重，呈恶化趋势。绝大多数河流均受到不同程度污染。
10. 全国三分之二的河流和1000多万公顷农田被污染。

第8章 光污染
——美丽外衣下的"环境杀手"

1. 是谁"偷"走了夜空？
2. 光污染带来的伤害
3. "白光污染"
4. 灯光是一种毒品
5. 漂亮瓷砖易造成视觉污染
6. "洛杉矶光化学烟雾事件"
7. 身体不感光，美食来帮忙

◪ 是谁"偷"走了夜空？

据美国一份最新的调查研究显示，夜晚的华灯造成的光污染已使世界上五分之一的人对银河系视而不见。这份调查报告的作者之一埃尔维奇说："许多人已经失去了夜空，而正是我们的灯火使夜空失色"。他认为，现在世界上约有三分之二的人生活在光污染里。

在远离城市的郊外夜空，可以看到两千多颗星星，而在大城市却只能看到几十颗。

在欧美和日本，光污染的问题早已引起人们的关注。美国还成立了国际黑暗夜空协会，专门与光污染作斗争。

◪ 光污染带来的伤害

近年来，人们关注水污染、大

夜晚的华灯

气污染、噪声污染等，并采取措施大力整治，但对噪光污染却重视不够。其后果就是各种眼疾，特别是近视比率迅速攀升。据统计，我国高中生近视率达60%以上，居世界第二位。

有关专家介绍，视觉环境中的噪光污染大致可分为三种：一是室外视环境污染，如建筑物外墙；二是室内视环境污染，如室内装修、室内不良的光色环境等；三是局部视环境污染，如书簿纸张、某些工业产品等。

随着城市建设的发展和科学技术的进步，日常生活中的建筑和室内装修采用镜面、瓷砖和白粉墙日益增多，近距离读写使用的书簿纸张越来越光滑，人们几乎把自己置身于一个"强光弱色"的"人造视环境"中。

很少有人认识到噪光污染的危

城市光污染

害。据科学测定：一般白粉墙的光反射系数为69%～80%，镜面玻璃的光反射系数为82%～88%，特别光滑的粉墙和洁白的书簿纸张的光反射系数高达90%，比草地、森林或毛面装饰物面高10倍左右，这个数值大大超过了人体所能承受的生理适应范围，构成了现代新的污染源。

据有关卫生部门对数十个歌舞厅激光设备所做的调查和测定表明，绝大多数歌舞厅的激光辐射压已超过极限值。这种高密集的热性光束通过眼睛晶状体再集中于视网膜时，其聚光点的温度可达到摄氏70度，这对眼睛和脑神经十分有害。它不但可导致人的视力受损，还会使人出现头痛头晕、出冷汗、神经衰弱、失眠等大脑中枢神经系统的病症。

彩色光污染

彩光污染不仅有损人的生理功能，而且对人的心理也有影响。人们长期处在彩光灯的照射下，其心理积累效应，也会不同程度地引起倦怠无力、头晕、神经衰弱等身心方面的病症。

人工白昼还可伤害昆虫和鸟类、因为强光可破坏夜间活动昆虫的正常繁殖过程。同时，昆虫和鸟类可被强光周围的高温烧死。

光污染还会破坏植物体内的生物钟节律，有碍其生长，导致其茎或叶变色，甚至枯死；对植物花芽的形成造成影响，并会影响植物休眠和冬芽的形成。

白光污染

▶ "白光污染"

在我国的一些大中城市中,高楼大厦常采用玻璃幕墙,还用不锈钢、铝合金等金属材料装修得金碧辉煌,在阳光照耀下熠熠生辉。强烈的反射光形成了危害极大的光污染。这种强光反射超过了人的眼睛所能承受的范围,角膜和虹膜都会因此受到损伤。这便是所谓的"白光污染"。

在白光污染的环境下长期生活,人的视力就会急剧下降,诱发白内障等疾病。

夜幕降临,宾馆、饭店、商厦乃至整条商业街,到处都是五颜六色的霓虹灯。现代都市灯火辉煌的夜晚常令人昼夜难分,这便是人工白昼污染。它不仅是破坏浮游生物轮虫生理节律的罪魁祸首,同样也是破坏人类生理节律的"杀手"。夜晚过强的灯光影响睡眠,人们不得不给卧室装上加厚的深色窗帘。

现代舞厅的旋转彩灯、闪烁的霓虹灯、炫目的黑光灯等各种人造光源构成了危害颇大的彩光污染。

以黑光灯为例,它是一种特制

图说人类的健康与环境

的气体放电灯,灯管的结构和电特性与一般照明荧光灯相同,只是管壁内涂的荧光粉不同。

黑光灯能放射出一种人看不见的紫外线,广泛应用于化工、纺织、医药、广告、娱乐等行业。黑光灯产生的紫外线,强度远远超过阳光中的紫外线。人体如果长期受到它的照射,就可能造成鼻出血、牙齿脱落,甚至使人患上白内障、白血病、癌症等。

灯光是一种毒品

连爱迪生都无法预料,现在灯光会被专家指责"是一种毒品"。"入夜则寐"是人类与生俱来的生理节律,但现代社会中,有些却被都市的灯火通明所打乱。光是人类不可缺少的朋友,但过强、过滥、变化无常的光,对人体造成的干扰甚至是伤害之大,让很多人都没想到。

美国一份调查报告显示:全球约有三分之二的人生活在光污染中。而且,人为光造成的污染逐年增加,德国每年增长6%,意大利和日本每年增长10%和12%。全球十分之一的司机表示,烈日下行驶时会遭到玻璃幕墙反射光的突然袭击,让他们瞬间看不清方向。美国得克萨斯大学健康科学中心内分泌学家拉塞尔·雷特博士甚至说:"灯光是一种毒品。滥用灯光,就是危害健康。"

当你被玻璃幕墙反射的光刺得睁不开眼时,你还可以本能地抬手遮眼或逃避光芒,但有些光污染及其危害,或许你毫无意识。近年来,

城市光污染危害

因光污染引发的纠纷逐年增多,它对健康的影响不得不引起我们的重视。

据调查研究表明,2岁前夜晚开灯睡觉的孩子,近视率约为55%;而熄灯睡觉的孩子,近视率仅10%左右。光污染导致的恶劣视觉环境被认为是近视高发的重要因素。更有研究表明,长时间在白色光亮污染环境下工作和生活,白内障的发病率高达45%。

人睡觉时眼睛虽是闭着的,但亮光依然会穿过眼皮,影响睡眠。约有5%~6%的失眠因噪音、光线等环境因素引起,其中光线约占10%。"一旦失眠,人体得不到充分休息,又将引发更深层面的健康问题。"

对于夜间工作或长期有夜生活的人来说,受光污染的伤害更大。2001年美国《国家癌症研究所学报》刊登的研究显示:女性上夜班时间越长,患乳腺癌的几率越大。

长期受歌舞厅中彩光照射,其紫外线会诱发流鼻血、牙齿脱落、白内障,甚至导致白血病和其他癌变。彩色光源不仅对眼睛不利,而且干扰大脑中枢神经,让人出现恶心、呕吐、失眠、注意力不集中等症状。

漂亮瓷砖易造成视觉污染

大多数家庭、办公建筑偏爱用颜色较亮的瓷砖进行装修,因为明亮的瓷砖不但能使居室看起来富丽、亮堂,还可以在一定程度上弥补采光的不足。

工业化带来的光污染

　　白粉墙的光反射系数为69%~80%，镜面玻璃为82%~88%，而居室的墙壁、地面用某些瓷砖，主要指抛光砖和一部分仿古砖装饰后，光反射系数高达90%，大大超过人体所能承受的生理适应范围，会造成光污染，损害人的健康。

　　从2005年8月1日起，国家对三类装饰产品实施了强制性标志(3C标志)，其中就包括瓷质砖，主要检测其放射性是否达标。由于一些超白地砖在生产过程中使用了起"白色"作用的添加剂，而这种添加剂中含有放射性物质，可能形成放射性污染和光污染。

　　在规定中，实行认证的瓷质砖是执行GB-T400.1标准、吸水率小于或等于0.5的产品，以抛光砖、仿古砖为主，釉面砖和一些墙砖不在此范围内。

　　最佳的视觉环境应该是，在色彩、光频率、光亮度、物品形状、静止等方面均和人眼充沛协调。

　　所以，家庭装修时，最好选择亚光砖；书房和儿童房尽量用地板代替；如果使用了抛光砖，平时家中尽

光污染对儿童的伤害

量开小灯,还要避免灯光直射或通过反射影响到眼睛;由于白色和金属色瓷砖反光较为强烈,不适合大面积在居室使用。

▣ "洛杉矶光化学烟雾事件"

洛杉矶位于美国西南海岸,西面临海,三面环山,是个阳光明媚,气候温暖,风景宜人的地方。早期金矿、石油和运河的开发,加之得天独厚的地理位置,使它很快成为了一个商业、旅游业都很发达的港口城市。

洛杉矶市很快就变得空前繁荣,著名的电影业中心好莱坞和美国第一个"迪斯尼乐园"都建在了这里。城市的繁荣又使洛杉矶人口剧增。白天,纵横交错的城市高速公路上拥挤着数百万辆汽车,整个城市仿佛一个庞大的蚁穴。

然而好景不长,从40年代初开始,人们就发现这座城市一改以往的温柔,变得"疯狂"起来。每年从夏季至早秋,只要是晴朗的日子,城市上空就会出现一种弥漫天空的浅蓝色烟雾,使整座城市上空变得浑浊不清。这种烟雾使人眼睛发红,咽喉疼痛,呼吸憋闷、头昏、头痛。

1943年以后,烟雾更加肆虐,以致远离城市100千米以外的海拔2 000米高山上的大片松林也因此枯

图说人类的健康与环境

死,柑橘减产。仅1950—1951年,美国因大气污染造成的损失就达15亿美元。1955年,因呼吸系统衰竭死亡的65岁以上的老人达400多人;1970年,约有75%以上的市民患上了红眼病。这就是最早出现的新型大气污染事件——光化学烟雾污染事件。

光化学烟雾是由于汽车尾气和工业废气排放造成的,一般发生在湿度低、气温在24～32摄氏度的夏季晴天的中午或午后。汽车尾气中的烯烃类碳氢化合物和二氧化氮(NO_2)被排放到大气中后,在强烈的阳光紫外线照射下,会吸收太阳光所具有的能量。这些物质的分子在吸收了太阳光的能量后,会变得不稳定起来,原有的化学链遭到破坏,形成新的物质。这种化学反应被称为光化学反应,其产物为含有剧毒的光化学烟雾。

洛杉矶在40年代就拥有250万辆汽车,每天大约消耗110万千克汽油,

城市交通产生了大量的光化学烟雾

坚果类零食含有丰富的维生素E

排出100多万千克碳氢化合物，30多万千克氮氧化合物，70多万千克一氧化碳。另外，还有炼油厂、供油站等其他石油燃烧排放，这些化合物被排放到阳光明媚的洛杉矶上空，不啻制造了一个毒烟雾工厂。

身体不感光，美食来帮忙

我们的身体拥有着折射有害光的能力，但是需要将这种能力给予激活。美食在整个过程中起到了不可忽视的作用。它们赋予身体非常全面的能量，增加身体免疫力、抗氧化力、防晒力、吸收能力，可全方位抵御光污染。

众所周知，长相可爱的大豆中含有丰富的大豆异黄酮，具有很强的抗氧化能力，当过于强烈的光照射时，可以减缓过量紫外线造成皮肤的光老化。最佳的吃法就是，在早餐的靓粥中加入一小勺大豆，煮烂后食用，大豆中的营养就会一点不浪费地融入粥中。美味、营养，在清晨就给予你抵御光污染的力量。

坚果类零食中含有丰富的维生素E，消除有害光照射后在身体里产生的自由基，将患有癌症的几率降至最低。身体在坚果营养的滋润中愈发强壮起来，光污染自然也不会对其产生任何影响。

需要注意的是，坚果的热量很高，睡前请勿食用，容易造成消化不良。最佳的享受时间是下午三点，此时的胃肠道吸收能力更强，效果尤佳！

在过量的阳光照射到身体时，身体就应该启动强大的自我保护功能，奇异果可以帮你解决问题：一颗奇异果中含有的营养真不少，维生素C、叶酸、膳食纤维，还有低钠高钾的优点，有效提升身体愈合能力，让有害光没有机会进入身体。

提高钙的吸收能力可以为身体创造一个良好的环境，增加骨骼的硬度，加速了对光污染的代谢。但其实，由于不良生活习惯"所迫"，人体对于钙的吸收能力大大降低，看来，是时候吃点什么来恢复它了。

此时，青梅隆重出场，其丰富的枸橼酸含量，让钙的溶解性得到提高，很容易被肠壁吸收——每天上午吃上2颗就可以达到这样的效果。或者在晚餐时喝1小杯青梅酒，同样可以增强身体对钙的吸收能力。

奇异果能增加身体自我保护功能

迷你知识卡

巧避睡眠"光污染"

1. 将窗帘拉上，必要时不妨戴眼罩

夜间入睡时，应尽量处于黑暗的环境中。住房靠近街边，窗外的路灯太亮，车灯不时闪过，都会令你睡不安稳。这时可拉上厚窗帘遮光，必要时戴眼罩也是一种极佳的避免"光污染"的方法。

2. 使用暖色小夜灯

如果你在夜里一定要用夜灯的话，可开一些暖色系灯光的小夜灯，比如红色或橙色。一般来说，这些小夜灯光线柔和，还不至于会对人体健康产生太大的危害。白炽灯、日光灯这类冷色的灯光对眼睛的刺激比较大。夜灯最好插在低矮的插座上，这样可减少刺激。

3. 调理身心，补充营养

注意营养和辅助运动，以降低生物钟受影响的程度。富含维生素A、C、E及花青素的新鲜水果蔬菜，都可以抗氧化，多吃可补充和调节人体的激素。

第9章 热环境
——高温热浪下的生存空间

1. 什么是"热环境"？
2. 高温与中暑
3. 高温天气
4. 高温热浪带来的危害
5. 水体热污染
6. 城市"热岛效应"
7. 温室效应

▣ 什么是"热环境"？

热环境是指由太阳辐射、气温、周围物体表面温度、相对湿度与气流速度等物理因素组成的作用于人，影响人的冷热感和健康的环境。人的生活和工作大部分时间都在室内，室内环境与人体关系密切。

室内环境的热特性是室外气候与内部热源通过建筑围护结构进行热交换与热平衡的结果，体现为气温、平均辐射温度、相对湿度、气流速度等四个主要物理因素数值的变化。人体与环境的热交换除环境的物理因素外还与人的衣着和人体的活动量有关。

夏季身穿单衣在气温与平均辐射温度同为26℃、相对湿度40%、气流速度小于每秒0.15米的房间里办公，多数人感到舒适。当相对湿度增加到80%时就感到闷热。如增加气流速度又会感到舒适。

太阳辐射风暴

图说人类的健康与环境

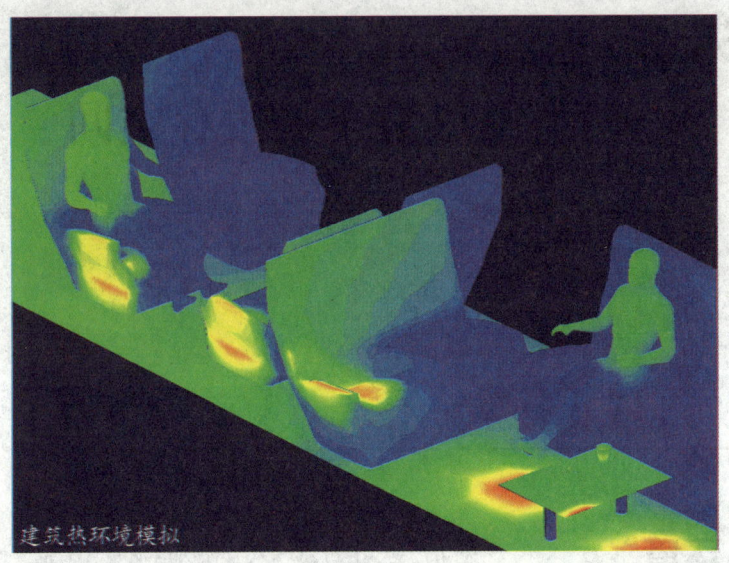
建筑热环境模拟

冬季身穿绒衣长裤在温度10摄氏度、相对湿度50%的室内办公常感到冷，而在同一房间里锯木材则感到舒适。此外人对热环境的反应也与人的年龄、性别、体质、心理与健康状况及气候适应经历等有关。

高温与中暑

夏天，室外温度常常是35摄氏度以上，在室内工作的人们，大多都有空调或者是调温除湿机等降温保湿设备，但是在户外工作的的民工或者其他工作人员却只能忍受着高温的炙烤。

在环境温度变化时，机体通常通过出汗、呼吸、寒战和调节皮肤与内脏器官之间的血流使体温波动范围很小。然而，长时间在高温下或者过度的热辐射，就会引起高温损害，如热衰竭、中暑和热痉挛。

湿度增高减少了出汗的降温作用，加上长时间的重体力劳动，增加肌肉产生的热量，也增加了高温损害的危险。老年人、过度肥胖的人和慢性酒精中毒者对高温损害特别敏感。

高温对人体的损伤主要分为两种：中暑和热衰竭。

中暑是指人长时间处于高温环境，不能充分出汗降低体温而引起的威胁生命的疾病。症状通常发展很快，需要立即处理。如果脱水又不能充分出汗来散热，体温可能升高到危险水平，导致中暑中暑发展很快，有时有头痛、头晕、乏力等先兆，但不一定出现。

出汗而且汗量不一定减少，皮肤发热、潮红干燥，心率加快可达每分钟160～180次，呼吸频率加快，血压通常很少变化，肛门测量体温可升至40℃～41℃，患者常常有"着了火"的感觉。定向力障碍，并很快出现昏迷或痉挛。中暑如不及时治疗，可造成永久性损害或死亡。体温达到41℃是预后严重的指标，如果再高1度，常常会引起死亡。

热衰竭是指由于长时间处于高温环境，大量出汗，体液过量丢失导致乏力、低血压和虚脱。暴露在高温下，特别是在重体力劳动或体育锻炼时，出汗引起大量的体液丢失，盐（电解质）也随体液丢失，使循环系统和大脑功能紊乱，导致热衰竭（虚脱），热衰竭很严重但少见。

高温天气

医学研究表明，环境温度与人体的生理活动密切相关。人体最舒适的环境温度在20℃～28℃之间，最理想的温度是15℃～20℃，此环境中人的记忆力强，工作效率高；温度在4℃～10℃时，发病率较高，在4℃以下时，易生冻疮，发病率更高。

环境温度高于28℃时，人们就会有不舒适感；温度再高就易导致烦躁、中暑、精神紊乱；人体在30℃以上就会部分启动汗

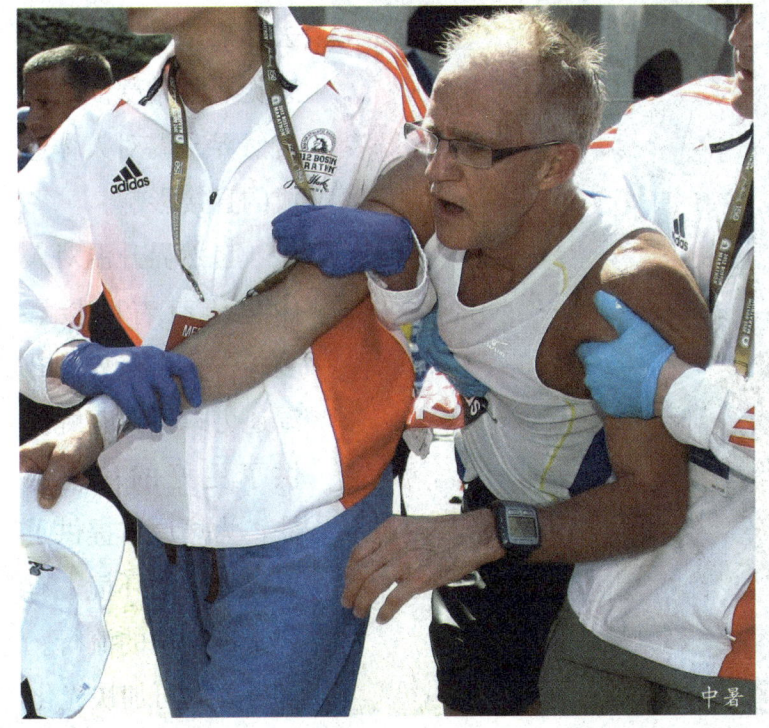

中暑

腺以排出体热，35℃时身体汗腺会全部投入工作；气温高于34℃，并伴有频繁的热浪冲击，还可引发一系列疾病，特别是使心脏、脑血管和呼吸系统疾病的发病率上升，死亡率明显增加。37℃以上的高温对人体的蛋白质有一定的破坏。若人体温度达到40℃以上，生命中枢就会直接受到威胁。

由于高温天气的出现，导致人体的热平衡被破坏而产生中暑和其它疾病。所以气象上就把当日最高气温≥32℃时定为高温天气。高温天气分高温炎热天气和高温闷热天气两种。当日最高气温≥35℃，相对湿度在60%以下称为高温炎热天气；当日最高气温≥32℃达不到35℃，相对湿度在60%以上时称为高温闷热天气。

在这样的天气情况下，人体的汗水来不及从皮肤中排泄出去，热量难以放散，感觉非常难受。这是自然界升温对人体造成的直接影响。

自然界升温对人体健康有着间接影响。一是自然界的升温还为蚊子、苍蝇提供了更好的孳生条件，为病原体提供了更佳的传播环境，有利于传染病的流行。二是高温可加快光化

高温酷暑

高温热浪

学反应速率,从而提高大气中有害气体的浓度,进一步伤害人体健康。

城市的"热岛效应"还会使城市每个地方的温度并不一样,而是呈现出一个个闭合的高温中心。

在这些高温区内,空气密度小,气压低,容易产生气旋式上升气流,使得周围各种废气和化学有害气体不断对高温区进行补充。在这些有害作用下,高温区的居民极易患上消化系统或神经系统疾病,此外,支气管炎、肺气肿、哮喘、鼻窦炎、咽炎等呼吸道疾病人数也有所增多。

高温热浪带来的危害

人在静止状态体温调节极限温度为31℃、38℃和40℃也就是说超出极限温度,人体机能受损,将出现病症——中暑或一些并发症。但是不同人群耐高温的极限是不同的。

上面给出的是一般人群的极限温度,而对于儿童、年老体弱者、慢性病患者来说,由于他们的体温调节功能不健全,或功能减退,或功能障碍等,都将使其耐热极限下降。

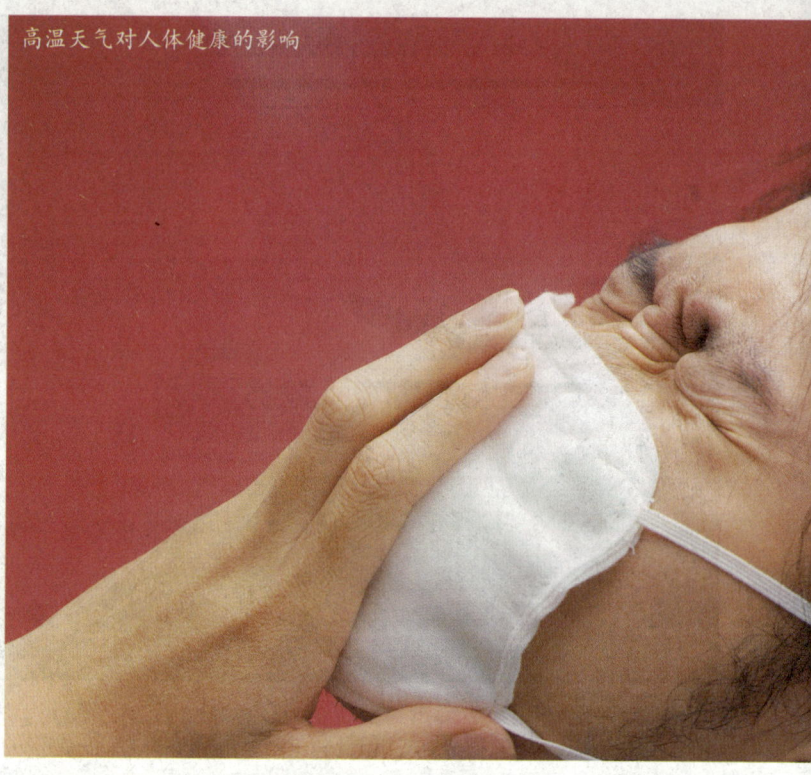

高温天气对人体健康的影响

高温天气对人体健康的主要影响是产生中暑以及诱发心、脑血管疾病导致死亡。人体在过高环境温度作用下，体温调节机制暂时发生障碍，而发生体内热蓄积，导致中暑。

中暑按发病症状与程度，可分为：热虚脱，是中暑最轻度表现，也最常见；热辐射，是长期在高温环境中工作，导致下肢血管扩张，血液淤积，而发生昏倒；日射病是由于长时间暴晒，导致排汗功能障碍所致。

对于患有高血压、心脑血管疾病，在高温潮湿无风低气压的环境里，人体排汗受到抑制，体内蓄热量不断增加，心肌耗氧量增加，使心血管处于紧张状态，闷热还可导致人体血管扩张，血液粘稠度增加，易发生脑出血、脑梗死、心肌梗等症状，严重的可能导致死亡。据对北京地区心脑血管疾病的调查发现，高温闷热天气是导致缺血性脑卒中的危险天气。

在夏季闷热的天气里，还易出现热伤风（夏季感冒）、腹泻和皮肤过敏等疾病。原因是由于高温环境下，人体代谢旺盛，能量消耗较大，而闷热又常使人睡眠不足，食欲不振，造成人体免疫力下降，此时再不加节制地使用空调或电扇来解暑。

人体长时间处于过低温度环境里，机体适应能力减退，抵抗力下降，病菌、病毒就会乘虚而入，极易引起上呼吸道感染(感冒)；另外，高温高湿环境，细菌、病毒等微生物大量滋生，食物极易腐败变质，食用后会引起消化不良、急性胃肠炎、痢疾、腹泻等疾病的发生。

水体热污染

由于人类的生产和生活活动，向环境输入热能，使环境温度升高，质量恶化，导致局部生态系统遭受破坏，影响了人类的生产和生活，这种现象被称为热污染。

广义的热污染，包括温室效应、热岛效应和水体热污染。水体热污染是向水体排放废热水或其他形式的废热造成的。电站的冷却水是水体热污染的主要污染源，核电站的废热几乎全部从废水中排出，其冷却水用量比一般火电站用水量多50%，所以，今后随着核电站比重的增加，水体热污染很可能会成为未来水体污染中最严重的问题之一。

水体热污染可引起水生植物群落组成的改变。一是水体热污染会减少藻类种群的多样性。随着水温的不断升高，不耐高温的种类将迅速消失，使藻类种群的多样性明显减少。

水生动物绝大部分是变温动物，体温不能自动调节，随水温的升高，体温也会随之升高。当体温超过一定温度时，即会引起酶系统失活，代谢机能失调，直至死亡。

藻类种群

图说人类的健康与环境

许多昆虫的幼虫对热污染的忍耐力都很差。一般水生动物的温度上限为33～35℃。对底栖动物生态结构产生影响的水温上限约为12℃。所以，在繁殖时期，水体的热污染将会对鱼类造成灾难性的后果。

水温增高会使一些毒物的毒性增高，如氰化钾由8℃升高到18℃时，对鱼类的毒性将增加一倍。锌离子由13.5℃增高到21.5℃时，对虹鳟鱼的毒性将增加一倍。随着水温的升高，一些致病微生物的活性增强，而水生动物的抗病力却相对减弱，染病率增加，导致大量水生动物的死亡。

城市"热岛效应"

早在1833年，英国科学家就在《伦敦的气候》一书中指出伦敦市中心的温度高于郊区温度，并把这种气候特征称为"热岛效应"。此后的100多年，各国科学家者做了大量的城、郊气温对比观测也发现类似现象。

"热岛效应"的成因城市下垫面特性城市拥有大量的人工构筑物，其道路及建筑物的成分多为水泥、柏油、钢筋混凝土、砖石和金属等，这些材料都是吸热能手，它们具有热容量大、导热率高的特点，能吸收大量的热辐射。

另外，这些材料大多较郊区绿地的颜色深，对太阳辐射的吸收率较大，能吸收更多的热量。郊区土地有大量植被覆盖，植物的蒸腾作用可以带走热量，使温度不会太高。例如在夏天，当草坪温度为32℃、树冠温度为30℃左右时，水泥铺成的地面的温度就可达到57℃，而柏油铺成的马路的温度更可以高达63℃。

夏日高温的柏油马路

城市里的"热岛效应"

城市大气污染城市中大量人群的生产生活会产生各种污染物，其中较多的是二氧化碳、氧化亚氮、甲烷等温室气体，更加重了城市热岛的强度。为热城市人为热即人类活动产生的废热，城市内大量的人为热释放引起城市地区局部升温，对城市热岛的形成起着十分重要的作用。

城市人为热释放量相当可怕，有时候甚至比太阳净辐射还大，城市人口规模越大，它的温度就比郊区高得越多。据研究显示，如果城市拥有1万人口规模，其热岛强度可以达到0.11摄氏度，如果拥有10万人口规模，热岛强度则会达到0.32摄氏度，如果在100万人口的城市，热岛强度则高达0.91摄氏度。

"热岛效应"不仅会使天气酷热难耐，引发雾岛、雨岛、干岛和混浊岛等多种效应，而且还会造成像雷电和暴雨这种极端天气事件增多，从而引发各种次生灾害。

温室效应

温室效应是指透射阳光的密闭空间由于与外界缺乏热交换而形成的保温效应，就是太阳短波辐射可以透过大气射入地面，而地面增暖后放出的长波辐射却被大气中的二氧化碳等物质所吸收，从而产生大气变暖的效应。大气中的二氧化碳

图说人类的健康与环境

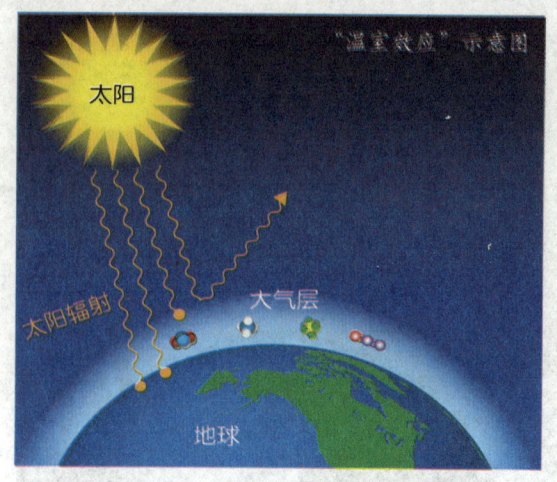

就像一层厚厚的玻璃，使地球变成了一个大暖房。

大气能使太阳短波辐射到达地面，但地表向外放出的长波热辐天然气燃烧产生的二氧化碳，远远超过了过去的水平。而另一方面，由于对森林乱砍乱伐，大量农田建成城市和工厂，破坏了植被，减少了将二氧化碳转化为有机物的条件。再加上地表水域逐渐缩小，降水量大大降低，减少了吸收溶解二氧化碳的条件，破坏了二氧化碳生成与转化的动态平衡，就使大气中的二氧化碳含量逐年增加。

空气中二氧化碳含量的增长，就使地球气温发生了改变。但是有乐观派科学家声称，人类活动所排放的二氧化碳远不及火山等地质活动释放的二氧化碳多。他们认为，最近地球处于活跃状态，诸如喀拉喀托火山和圣海伦斯火山接连大爆发就是例证。

地球正在把它腹内的二氧化碳释放出来。所以温室效应并不全是人类的过错。这种看法有一定道理，但是无法解释工业革命之后二氧化碳含量的直线上升，难道全是火山喷出的吗？

在空气中，氮和氧所占的比例是最高的，它们都可以透过可见光与红外辐射。但是二氧化碳就不行，它不能透过红外辐射。所以二氧化碳可以防止地表热量辐射到太空中，具有调节地球气温的功能。

如果没有二氧化碳，地球的年平均气温会比目前降低20℃。但是，二氧化碳含量过高，就会使地球仿佛捂在一口锅里，温度逐渐升高，就形成"温室效应"。形成温室效应的气体，除二氧化碳外，还有其他气体。其中二氧化碳约占75%、氯氟代烷约占15%～20%，此外还有甲烷、一氧化氮等30多种。

如果二氧化碳含量比现在增加一倍,全球气温将升高3℃~5℃,两极地区可能升高10℃,气候将明显变暖。气温升高,将导致某些地区雨量增加,某些地区出现干旱,飓风力量增强,出现频率也将提高,自然灾害加剧。

更令人担忧的是,由于气温升高,将使两极地区冰川融化,海平面升高,许多沿海城市、岛屿或低洼地区将面临海水上涨的威胁,甚至被海水吞没。

20世纪60年代末,非洲下撒哈拉牧区曾发生持续6年的干旱。由于缺少粮食和牧草,牲畜被宰杀,饥饿致死者超过150万人。

两极地区冰川融化

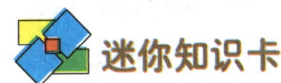 **迷你知识卡**

历年环境日主题

1974年:只有一个地球

1975年:人类居住

1976年:水,生命的重要资源

1977年:关注臭氧层破坏、水土流失、土壤退化和滥伐

1978年:没有破坏的发展

1979年:为了儿童和未来——没有破坏的发展

1980年:新的10年,新的挑战——没有破坏的发展

1981年:保护地下水和人类和人类食物链;防止有毒化学品污染

1982年:纪念斯德哥尔摩人类环境会议10年,提高环境意识

1983年:管理和处理有害废弃物,防止酸雨

1996年:我们的地球、家园、居住地

1997年:为了地球上的生命

图说人类的健康与环境

第10章 大气环境
——给呼吸一个自由的空间

1. 悬浮颗粒物污染
2. 氮氧化物污染
3. 二氧化硫污染
4. 一氧化碳污染
5. 英国伦敦烟雾事件
6. 美国多诺拉烟雾事件
7. 洛杉矶空气污染致癌率为全美之冠

悬浮颗粒物污染

空气中可自然沉降的颗粒物称降尘，而悬浮在空气中的粒径小于100微米的颗粒物通称总悬浮颗粒物，其中粒径小于10微米的称可吸入颗粒物。

可吸入颗粒物因粒小体轻，能在大气中长期飘浮，飘浮范围从几千米到几十千米，可在大气中造成不断蓄积，使污染程度逐渐加重。可吸入颗粒物成份很复杂，并具有较强的吸附能力。例如可吸附各种金属粉尘和强致癌物苯并芘、吸附病原微生物等。

可吸入颗粒物随人们呼吸空气而进入肺部，以碰撞、扩散、沉积等方式滞留在呼吸道不同的部位，粒径小于5微米的多滞留在上呼吸道。滞留在鼻咽部和气管的颗粒物，与进入人体的二氧化硫等有害气体产生刺激和腐蚀黏膜的联合作用，损伤黏膜、纤毛，引起炎症和增加气道阻力。

城市的上空悬浮着颗粒物

持续不断的作用会导致慢性鼻咽炎、慢性气管炎。滞留在细支气管与肺泡的颗粒物也会与二氧化氮等产生联合作用，损伤肺泡和黏膜，引起支气管和肺部炎症。长期持续作用，还会诱发慢性阻塞性肺部疾患并出现继发感染，导致肺心病死亡率增高。

当大气处于逆温状态时，污染物便不易扩散，悬浮颗粒物浓度会迅速上升。1952年12月英国伦敦发生烟雾事件时，大气中悬浮颗粒物的含量比平时高五倍，引起居民死亡率激增，四天内较同期死亡人数增加4000余人。

由此可见大气中可吸入颗粒物浓度突然增高，对人类健康能造成急性危害，对患有心肺疾病的老人和儿童威胁更大。

悬浮颗粒物还能直接接触皮肤和眼睛，阻塞皮肤的毛囊和汗腺，

悬浮颗粒物的污染严重

引起皮肤炎和眼结膜炎或造成角膜损伤。

此外，悬浮颗粒物还能降低大气透明度，减弱地面紫外线的照射强度。紫外线照射不足，会间接影响儿童骨骼的发育。

有的城市的天空总是灰蒙蒙的，这与全市悬浮颗粒物污染严重有着紧密关系。一个城市悬浮颗粒物污染的主要原因有两方面：一是地面扬尘，二是燃煤排放的烟尘。

氮氧化物污染

一氧化氮、二氧化氮等氮氧化物是常见的大气污染物质，能刺激

呼吸器官，引起急性和慢性中毒，影响和危害人体健康。

氮氧化物中的二氧化氮毒性最大，它比一氧化氮毒性高4～5倍。大气中氮氧化物主要来自汽车废气以及煤和石油燃烧的废气。

氮氧化物主要是对呼吸器官有刺激作用。由于氮氧化物较难溶于水，因而能侵入呼吸道深部细支气管及肺泡，并缓慢地溶于肺泡表面的水分中，形成亚硝酸、硝酸，对肺组织产生强烈的刺激及腐蚀作用，引起肺水肿。

亚硝酸盐进入血液后，与血红蛋白结合生成高铁血红蛋白，引起组织缺氧。在一般情况下，当污染物以二氧化氮为主时，对肺的损害比较明显，二氧化氮与支气管哮喘的发病也有一定的关系；当污染物以一氧化氮为主时，高铁血红蛋白症和中枢神经系统损害比较明显。

汽车排出的氮氧化物有95%以上是一氧化氮，一氧化氮进入大气后逐渐氧化成二氧化氮。二氧化氮是一种毒性很强的棕色气体，有刺激性。当二氧化氮的量达到一定程

汽车尾汽对环境影响严重

度时,在遇上静风、逆温和强烈阳光等条件,便参与光化学烟雾的形成。

空气中二氧化氮浓度与人体健康密切相关,曾发生过因短时期暴露在高浓度二氧化氮中引起疾病和死亡的情况。如1929年5月15日,在克里夫兰的克里尔医院发生的一次火灾中,有124人死亡,死亡的直接原因就是由于含有硝化纤维的感光胶片着火而产生大量的二氧化氮所致。

城市中氮氧化物的47%来自于汽车尾气,因此治理汽车尾气刻不容缓。

二氧化硫污染

二氧化硫是一种常见的和重要的大气污染物,是一种无色有刺激性的气体。二氧化硫主要来源于含硫燃料(如煤和石油)的燃烧;含硫矿石特别是含硫较多的有色金属矿石的冶炼;化工、炼油和硫酸厂等的生产过程。

二氧化硫易溶于水,当其通过鼻腔、气管、支气管时,多被管腔内膜水分吸收阻留,变成亚硫酸、硫酸和硫酸盐,使刺激作用增强。

二氧化硫和悬浮颗粒物的联合毒性作用。二氧化硫和悬浮颗粒物一起进入人体,气溶胶微粒能把二氧化硫带到肺深部,使毒性增加三至四倍。

二氧化硫污染污染严重

此外，当悬浮颗粒物中含有三氧化二铁等金属成分时，可以催化二氧化硫氧化成酸雾，吸附在微粒的表面，被吸入呼吸道深部。硫酸雾的刺激作用比二氧化硫约强十倍。

二氧化硫的促癌作用。动物实验证明每立方米10毫克的二氧化硫可加强致癌物苯并芘的致癌作用。在二氧化硫和苯并芘的联合作用下，动物肺癌的发病率高于单个致癌因子的发病率。

二氧化硫进入人体时，血中的维生素便会与之结合，使体内维生素C的平衡失调，从而影响新陈代谢。二氧化硫还能抑制和破坏或激活某些酶的活性，使糖和蛋白质的代谢发生紊乱，从而影响机体生长发育。

城市大气中的二氧化硫90%来自于燃煤。因此，在治理大气污染紧急措施中，应采取了推广使用低硫低灰份优质煤、大力推广和强制

二氧化硫污染

使用清洁燃料等措施。

一氧化碳污染

一氧化碳是一种无色、无味、无臭、无刺激性的有毒气体，几乎不溶于永，在空气中不容易与其它物质产生化学反应，故可在大气中停留很长时间。如局部污染严重，可对健康产生一定危害。一氧化碳属于内窒息性毒物。空气中一氧化碳浓度到达一定高度，就会引起种种中毒症状，甚至死亡。

一氧化碳是煤、石油等食碳物质不完全燃烧的产物。一些自然灾害如火山爆发、森林火灾、矿坑爆炸和地震等灾害事件，也能造成局部地区一氧化碳的浓度增高。吸烟也被认为是一氧化碳污染来源之一。

随空气进入人体的一氧化碳，在经肺泡进入血液循环后，能与血液中的血红蛋白等结合。一氧化碳与血红蛋白的亲和力比氧与血红蛋白的亲和力大200~300倍，因此，当一氧化碳侵入机体后，便会很快与血红蛋白合成碳氧血红蛋白，阻碍氧与血红蛋白结合成氧合血红蛋白，造成缺氧形成一氧化碳中毒。

当吸入浓度为0.5%的一氧化碳，只要20~30分钟，中毒者就会出现脉弱，呼吸变慢，最后衰竭致死。这种急性一氧化碳中毒，常发生在车间事故和家庭取暖不慎的时候多见。

长时间接触低浓

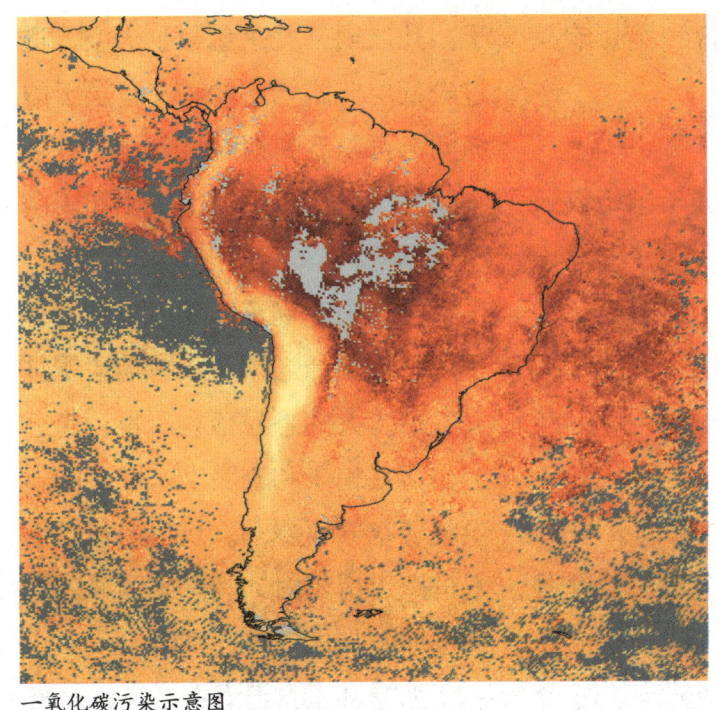

一氧化碳污染示意图

图说人类的健康与环境

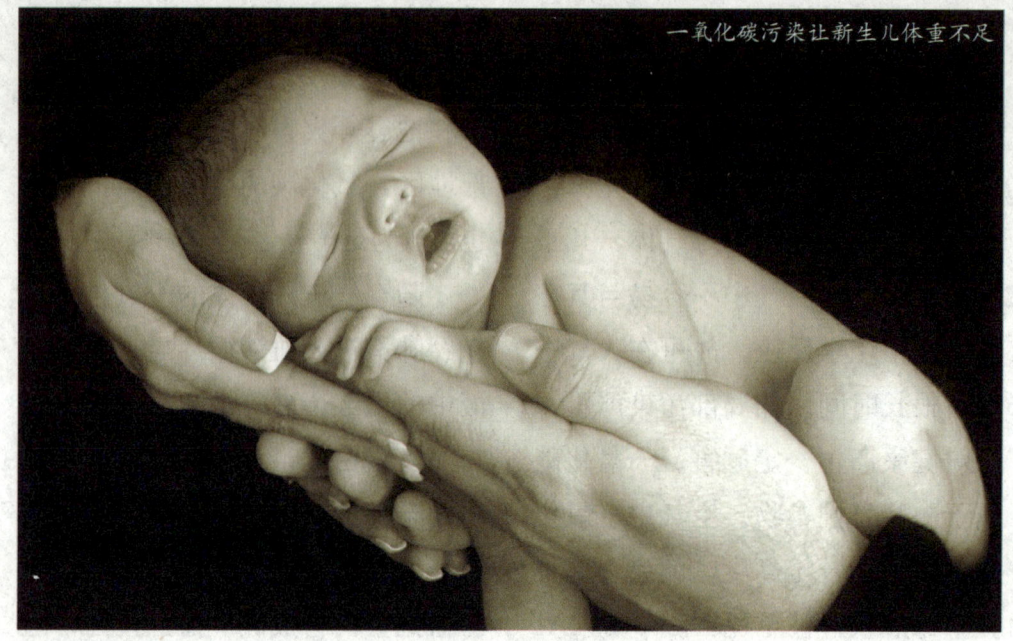

一氧化碳污染让新生儿体重不足

度的一氧化碳对人体心血管系统、神经系统乃至对后代均有一定影响。

英国伦敦烟雾事件

1952年12月3日,是英国伦敦一个可爱的冬日。气象台报告说,一个冷锋已在夜间通过;到中午,气温达到5.6℃,相对湿度大约70%。风从北方吹来令人舒适。天空中点缀着绒毛状积云,这是英格兰有名的在天气晴朗的片刻才有的云彩。

12月4日,这个反气旋沿着通常的路径移向东南方,其中心在伦敦以西几百公里风向已稍转,从西北偏北的方向吹来,风速比原来慢了。几层阴云几乎遮蔽了天空,透过较低层广阔均匀的暗灰色层云裂缝间,可以看到约3 000米高空处还有较高的云层。它们把太阳和天空统统遮住。

空气中充满了烟味。成千上万个烟囱排出的煤烟和灰粒悄悄飘进大气中。大的颗粒落在屋顶、街道上,落在帽子和衣服上。较小的烟尘随着空气而飘动。玩耍的孩子们跑进跑出房子时,一阵阵的风就把这些烟尘与煤气带进室内。

烟雾甚至自己有办法进入门窗

都关闭着的房子:当室内外气温变化时,房屋"吸入"污染的外面空气,"呼出"了室内较清洁的空气。随后的数日内,在伦敦的人才知道天气之坏达到何等可怕的程度。

12月5日,高压中心几乎已经移到了伦敦上空。风非常微弱,大雾降低了能见度,以至使人走路都有困难。烟的气味渐渐变得强烈。风太弱,不能刮走烟筒排出的烟。烟和湿气积聚在离地面几千米的大气层里。

12月6日,情况更坏。浓雾遮住了整个天空,城市处于反气旋西端。中午温度降到-2℃,同时相对湿度升到100%,大气能见度仅为几十米。所有飞机的飞行都取消了,只有最有经验的司机才敢于驾驶汽车上路。步行的人沿着人行道摸索着走动。风速表不转动,读数为零。由于空气流动太慢,慢到不足以转动风速表上的转杯,风速不超过每小时二三千米。有时可以勉强察觉的微风时而吹向这一方,时而吹向另一方。

当空气停滞不动地浮悬在城市上空时,工厂的锅炉、住家的壁炉及其他冒烟的炉子往空气内增添着毒素。雾滴混杂上烟里的一些气体和颗粒,雾不再是洁净的雾了,也不再是清洁的小水滴了,而是烟和雾的混合物,我们称之为"烟雾"的混合物。

烟雾弥漫全城,侵袭着一切有生命的东西。当人们的眼睛感觉到它时,眼泪就会顺着面颊流下来。每吸一口气就吸入一肺

英国伦敦烟雾事件

脏的污染气体。凡是在有人群的地方，都可以听到咳嗽声。学校里讲课的人不得不提高声调。

伦敦的医院挤满了病人，都是烟雾的受难者，并且有许多人因此而死亡。

据事后统计，在烟雾期间4天中死亡人数较常年同期约多4 000人。45岁以上的死亡最多，约为平时的3倍；1岁以下的儿童死亡数，约为平时的2倍。

事件发生的一周中因支气管炎、冠心病、肺结核和心脏衰弱者死亡，分别为事件发生前一周同类死亡人数的9.3倍、2.4倍、5.5倍和2.8倍。肺炎、肺癌、流感及其他呼吸道病患者死亡率均有成倍增加。

伦敦的巨大烟雾是因为潮湿有雾的空气在城市上空停滞不动，温度逆增，逆温层在40米～150米低空，大量的烟喷入其中，使烟雾不断积聚。

伦敦上空的大气成了堆置工厂和住户烟筒里出来的粉碎了的废物

现今伦敦上空的大气

的垃圾场。事后调查数据显示，尘粒浓度高达每升4.46微克，为平时的10倍；二氧化硫高达每升1.34微克，为平时的6倍。烟雾中的三氧化二铁促使二氧化硫氧化产生硫酸泡沫，凝结在烟尘上形成酸雾。

美国多诺拉烟雾事件

多诺拉是美国宾夕法尼亚州的一个小镇，位于匹兹堡市南边30千米处。这个小镇坐落在一个马蹄形河湾内侧，两边高约120米的山丘把小镇夹在山谷中。多诺拉镇是硫酸厂、钢铁厂、炼锌厂的集中地，多年来，这些工厂的烟囱不断地向空中喷烟吐雾，镇上居民们对空气中的怪味都习以为常。

1948年10月26—31日，持续的雾天使多诺拉镇看上去格外昏暗。气候潮湿寒冷，天空阴云密布，一丝风都没有，空气失去了上下的垂直移动，出现逆温现象。在这种死风状态下，工厂的烟囱却没有停止排放，就像要冲破凝住了的大气层

美国多诺拉烟雾事件

图说人类的健康与环境

美国多诺拉烟雾事件资料

一样，不停地喷吐着烟雾。

两天过去了，天气没有变化，只是大气中的烟雾越来越厚重，工厂排出的大量烟雾被封闭在山谷中。空气中散发着刺鼻的二氧化硫气味，令人作呕。空气能见度极低，除了烟囱之外，工厂都消失在烟雾中。

随之而来的是小镇中6 000人突然发病，症状为眼病、咽喉痛、流鼻涕、咳嗽、头痛、胸闷、呕吐等，其中有20人很快死亡。死者年龄多在65岁以上，大都原来就患有心脏病或呼吸系统疾病。

这次烟雾事件发生的主要原因，是由于小镇上的工厂排放的含有二氧化硫等有毒有害物质的气体及金属微粒在气候反常的情况下聚集在山谷中积存不散，这些毒害物质附着在悬浮颗粒物上，严重污染了大气。人们在短时间内大量吸入这些有毒害的气体，引起各种症状，以致暴病成灾。

多诺拉烟雾事件和1930年12月的比利时马斯河谷烟雾事件、1959年墨西哥的波萨里卡事件一样，都是由于工业排放烟雾造成的大气污染公害事件。

洛杉矶空气污染致癌率为全美之冠

美国联邦环保署曾经公布的一项全国空气品质黑名单，显示纽约州是五十个州当中空气污染最严重的一州，加州紧追其后。如果以地区而言，洛杉矶的空气品质最糟，致癌率比全美平均值高出一倍有余。

报告指出，虽然化学物质造成的只是所有癌症病患中的一小部份，但是严重的空气污染源确实可以造成肺癌或血癌，而目前最大的空气污染源是燃烧汽油和柴油后车辆所排放的废气。

在纽约州，每百万人中有六十八人可能因吸入过多的污染空气而罹患癌症，至于加州则是每百万人中有六十六人，其次是俄勒冈州。

如果以地区而言，由于洛杉矶的空气污染最严重，因此民众可能罹患癌症的威胁也最大，比率是每百万人有九十三人，这一数字比全美平均值高出一倍。

全美各地的平均值是每百万人当中，有41.5人可能因吸入过多的污染空气而致癌。

洛杉矶是全美污染最严重的地方

迷你知识卡

微粒

微粒是指极细小的颗粒，包括肉眼看不到的分子、原子、离子等以及它们的组合。例如，牛顿认为光是一种微粒，称为光的微粒说。

微米

长度单位，符号：μ [micron]，读作 [miu]。1微米相当于1米的一百万分之一，此即为"微"的字义。

第11章 石油污染
——海洋里流着人类的眼泪

1. 石油污染对海洋的危害
2. "英国海域石油污染事件"
3. 石油污染绝大部分来自人类活动
4. "海湾战争石油污染事件"
5. 阿拉斯加石油污染
6. 渤海污染成"死"海
7. 石油遮住了海洋的脸

石油污染对海洋的危害

石油在海面形成的油膜能阻碍大气与海水之间的气体交换,影响了海面对电磁辐射的吸收、传递和反射。长期覆盖在极地冰面的油膜,会增强冰块吸热能力,加速冰层融化,对全球海平面变化和长期气候变化造成潜在影响。

石油污染会破坏海滨风景区和海滨浴场。如1983年12月,"东方大使"号油轮在青岛胶州湾触礁搁浅,溢油300多万千克,严重地污染了青岛海滨及胶州湾。

油膜减弱了太阳辐射透入海水的能量,会影响海洋植物的光合作用。油膜沾污海兽的皮毛和海鸟羽毛,溶解其中的油脂物质,使它们失去保温、游泳或飞行的能力。

石油污染物会干扰生物的摄食、繁殖、生长、行为和生物的趋化性等能力。受石油严重污染的海域还会导致个别生物种丰度和分布的变化,从而改变群落的种类组成。

从洋面上捞起来的油污

高浓度的石油会降低微型藻类的固氮能力,阻碍其生长,终而导致其死亡。

沉降于潮间带和浅水海底的石油,使一些动物幼虫、海藻孢子失去适宜的固着基质或使其成体降低固着能力。石油会渗入大米草和红树等较高等的植物体内,改变细胞的渗透性等生理机能,严重的油污染甚至会导致这些潮间带和盐沼植物的死亡。

如油污能降低浮游植物的光合作用强度,阻碍细胞的分裂、繁殖,使许多动物的胚胎和幼体发育异常、生长迟缓;油污还能使一些动物致病,如鱼鳃坏死、皮肤糜烂、患胃病以至致癌。

海洋石油污染会改变某些经济鱼类的洄游路线;沾污鱼网、养殖器材和渔获物;着了油污的鱼、贝等海产食品,难于销售或不能食用。

墨西哥湾的油污带

海洋石油污染事故,主要指油轮失事和海上油田井喷等事故。如1967年3月"托利卡尼翁"号油轮在英吉利海峡触礁失事是一起严重的海洋石油污染事故。

该轮触礁后,10天内所载的1.18亿千克原油除一小部分在轰炸沉船时燃烧掉外,其余全部流入海中,近140千米的海岸受到严重污染。受污海域有25 000多只海鸟死亡,50%~90%的鲱鱼卵不能孵化,幼鱼也濒于绝迹。

图说人类的健康与环境

为处理这起事故，英、法两国出动了42艘船、1400多人、使用10万吨消油剂，两国为此损失800多万美元。

石油业污染了近海的沼泽地

"英国海域石油污染事件"

20世纪，近海石油开发和频繁的海上石油运输给人们带来了巨大的经济利益，同时，也对海洋环境造成了极大的威胁。

1967年3月18日，1.23亿千克的利比亚籍油轮"托雷·坎尼荣号"满载着1.17亿千克的原油从波斯湾的科威特出发，向英国威尔士的米尔福德港驶去。途经英国的锡利群岛和地角之间的公海时，在七石礁处触礁沉没，船上9 190万千克原油溢出，污染了180千米长的海区。

从这次原油泄漏事件开始，海洋石油泄漏事件每年都有发生。仅从1970—1990年，发生的油轮事故多达1 000起，每年排入海洋的石油有100亿—150亿千克，其中包括通过河流排入的废油、船舶的排入和事故溢油、海底油田泄漏和井喷事故等。

世界上最大的原油泄漏事件发生在1991年海湾战争造成的石油倾泄。因油港油库破坏而流入海湾的原油多达10亿多千克。海面漂浮着一层厚厚的浮油，海水几乎掀不起浪来，只能像泥浆般涌动着，发出汩汩声。

波斯湾的海鸟身上沾满了石油，无法飞行，只能在海滩和岩石上待以毙命。其他海洋生物本能逃过这场灾难，鲸、海豚、海龟、虾蟹以及各种鱼类都被毒死或窒息而死，成为这场战争的最大受害者。

海洋具有自净能力，它以宽大的胸怀接受着人类活动产生的各种废水、废气、废物。这些无休止的倾倒污染了海洋，造成局部海域的生态环境恶化，海水富营养化，赤潮频频发生，生物迅速减少或消失，成为海上"荒漠"。

海洋石油污染会导致鱼贝藻类死亡，海滨生物结构被破坏，海鸟饲饵消失。而海洋生物多样性减少和海洋生物体内致癌物浓缩蓄积给环境和人类带来的损害则更是无法估算。

海湾是较封闭的生态环境，水域浅，海水流动缓慢，一旦发生大规模的石油污染事件，将会导致海湾生态平衡失调若干年。专家们认为，波斯湾如果要恢复到污染前的状态，至少需要100年的时间。

▣ 石油污染绝大部分来自人类活动

石油污染的威胁，特别是油轮相撞、海洋油田泄漏等突发性石油污染，更是给人类造成难以估量的损失。

多达几亿千克的溢油，一旦进入海洋将形成大片油膜，这层油膜将大气与海水隔开，减弱了海面的风浪，妨碍空气中的氧溶解到海水中，使水中的氧减少，同时有相当部分的原油，将被海洋微生物消化分解成无机物，或者由海水中的氧进行氧化分解，这样，海水中的氧被大量消耗，使鱼类和其他生物难以生存。

石油污染大部分来自人类

海上溢油不仅破坏海洋环境，而且还存在发生火灾的危险，因此，一旦出现溢油事故，一方面要尽可能缩小污染区域，另一方面要迅速消除和回收海面上的浮油，处理溢油的一般方法，是用围油栅将浮油围住后，一边用浮油回收器进行回收，一边喷洒消油剂，使源油尽快形成能消散于水中的小油粒。

陆地上的各种内燃机和车辆。它们排放的含油废气经由大气最终沉降入海，估计全世界仅汽车排出的废气量每年就将18亿千克石油带入海中。

港口、码头石油和石油产品的泄漏。沿海城市的工厂，尤其是炼油厂，也将大量石油带入海中。近年来，储油设施有所发展，目前有的国家已建成高60米、直径82米、储油能力达7 000万千克的海底油库。一旦发生事故，将给海洋带来灾难性的污染。

海上石油勘探、开采。全球石油最终储量约295.4万亿千克，其中

海上石油勘探

海上石油污染

约有三分之一在海底。世界上有70多个国家在海上进行石油勘探，其中约23个国家开采海上油田。海上的钻井、试油、井喷、事故性漏油，都会造成污染。

海洋石油污染中危害最重的是溢油污染。溢油量有时可达几亿千克，大量的石油瞬间溢散入海洋，危害严重。溢油主要来自船舶作业和船舶事故，以及石油平台、储油和输油设施的偶发性事故。

目前海洋石油污染最多的来源是油船海难事件，主要是油轮在航行途中因触礁、碰撞、搁浅和失火等意外情况而遇难，所载石油全部或一部分流入海洋。在一般情况下，一旦油船沉入海中，油舱或油槽里的油料便通过甲板上的漏洞或裂缝源源不断地流出。

第二次世界大战末期，美国海岸警备队查明有61艘油船，总载油量8.4亿千克沉没在美国大西洋和太平洋沿岸，并不断冒出油来。另外，船舶沉没后，即使当时船舶油槽中的油品没有泄漏，但在甲板被海水腐蚀穿孔之后仍然会泄漏出来。

图说人类的健康与环境

海上石油污染版块图

如1940年4月,一艘德国巡洋舰在挪威奥斯陆峡湾沉没,到1969年才开始漏出油来。

"海湾战争石油污染事件"

1991年初爆发的海湾战争,是二次世界大战结束后,最现代化的一场激烈战争。战争双方伤亡人数并不多,但消耗的物资却是惊人的,特别是石油资源遭到人类有史以来最大的破坏,这场战争毁掉500多亿千克石油。

在海湾战争期间,约有700余口油井起火,每小时喷出190万千克二氧化硫等污染物质飘到数千公里外的喜马拉雅山南坡、克什米尔河谷一带,造成了全球性污染,并造成地中海、整个海湾地区以及伊朗部分地区降"石油雨",严重影响和危害人体健康。

而此次战争中流入海洋的石油所造成的污染和破坏更是惊人。据估计,1990年8月2日至1991年2月28日海湾战争期间,先后泄入海湾的石油达15亿千克。1991年多国部队对伊拉克空袭后,科威特油田到处起火。

"石油雨"过后

1月22日科威特南部的瓦夫腊油田被炸,浓烟蔽日,原油顺海岸流入波斯湾。随后,伊拉克占领的科威特米纳艾哈麦迪开闸放油入海。科威特南部的输油管也到处破裂,原油滔滔入海。

1月25日,科威特接近沙特的海面上形成长16千米,宽3千米的油带,每天以24千米的速度向南扩展,部分油膜起火燃烧黑烟遮没阳光,伊朗南部降下粘糊糊的黑雨。至2月2日,油膜展宽16千米,长90千米,逼近巴林,危及沙特。

最后导致沙特阿拉伯的捕鱼作业完全停止,这一海域的生物群落受到严重威胁。更为严重的是浮油层已对海岸边一些海水淡化厂造成污染,以淡化海水作为生活用水的沙特阿拉伯面临淡水供应的困难。

这次海湾战争酿成的油污染事件,使波斯湾的海鸟身上沾满了石油,无法飞行,只能在海滩和岩石上待以毙命。其他海洋生物也未能逃过这场灾难,鲸、海豚、海龟、虾蟹以及各种鱼类都被毒死或窒息而死,成为这场战争的最大受害者。

阿拉斯加石油污染

1989年3月24日,埃克森石油公

石油的海面污染

图说人类的健康与环境

石油污染，海洋荒漠

司的瓦尔迪兹号油船在阿拉斯加威廉王子海湾搁浅后发生了溢油事故，排放了3 800万千克原油，使数千千米海岸线布满了石油，对此地的海洋生态环境造成了大范围的严重影响。

据估计，埃克森瓦尔迪兹漏出的3 800万千克原油只蒸发了30%～40%，回收了10%～25%，其余仍滞留在海洋中。人们期望着清除这些油污能有助于生态环境的恢复。

其他漏油事件对海洋的危害包括侵蚀海岸线，由于过去人们知识不足以及自然原因，对威廉海湾的危害，如果使大多数生物群落与生态系统恢复到漏油前的状态和结构特征，至少需要5至25年时间。

这次事件约有10～30万只海鸟死亡，其中包括150种秃鹰。阿拉斯加海湾拥有世界最大的海獭繁殖场，在1万～1.1万头海獭中，约有4 000头死于这场事故。

受污染的海獭中，仅有200只洗去了身上的油污得了新生。在捕捉并帮助海獭恢复健康方面，大约花费了1 830万美元。

石油污染对生物影响很大

渤海污染成"死"海

2011年6月初，美国康菲公司与中海油合作开发的中国近海最大油气作业项目蓬莱19-3油田发生了严重漏油事故。

直到今天，漏油事故仍然没有

得到完全解决。国家海洋局北海分局11月2日发布的监测报告指出,该油田C平台附近仍有油花溢出。

2010年渤海共发生12起油污染事件,均为小型溢油事件,与船舶泄漏有关的燃料油溢油事件为10起,由石油勘探开发造成的原油污染事件2起。

迄今为止,渤海海域已发生泄漏事故14起,其中8起为燃料油,3起为海洋石油勘探开发溢油,另有3起为不明来源原油。有专家称,大型石化企业向渤海湾地区的集中靠拢正是渤海石油泄漏事故发生频率趋增的原因所在。

石油泄漏不仅给受影响海域的水质与生态造成了极大的破坏,更是直接侵害了沿岸渔民与养殖户的经济利益。

乐亭县的扇贝养殖户年初时还对今年的收成满怀期待,以为日本的核泄漏事故必将抬高今年的扇贝价格,但如今,养殖户们的希望已经落空。

许多海洋生物死于石油污染

据乐亭县扇贝水产养殖协会会长说，目前该县的扇贝养殖面积达2万多公顷，常年养殖的扇贝达700万笼，这次的污染事故带来的苗种损失达到了1.4亿元，如果再算上工人工资等损失，损失至少在3.6亿元。

受影响的不仅仅是养殖户。染了油的渔网因为无法彻底清除油污的味道，已经无法重新用于捕捞，必须更换渔网。

如今市场上一张渔网大概要200元钱，而他家渔船上大概要用六七百张网。对他们而言，这无疑是一笔数目巨大的损失。

石油遮住了海洋的脸

2010年4月20日，英国石油公司(BP)拥有瑞士越洋公司钻探、位于美国墨西哥湾地区的的一口油井"深水地平线"发生井喷起火事件。

因为油井所处的海洋深度超过了1 500米，使得泄露发生后的堵漏措施受到了很大的技术限制，因此救援进展相当缓慢。

事实上，事故发生后人们几乎采用了各种可能的技术手段来进行堵漏，英国石油公司启用"灭顶"堵漏法有效阻止了油气外泄。即使按照比较保守的估算，也已经有大约7 200万公升的石油泄露在海洋里面，而且至今仍然有少量的石油继续泄露。

2011年，10月5日，

石油污染对渔业影响很大

新西兰陶加兰港触礁引起石油泄漏的"雷纳"号货船引起了该国有史以来最严重的环境污染危机。

10月20日，根据新西兰国防部提供的图片，"雷纳"号货船的船体右舷部分开始出现断裂，裂痕很明显。

救援人员依然在继续从船上抽取石油，以尽可能的在天气变差之前避免更多的石油泄漏到海洋之中。自10月5日触礁事故发生以来，大约已经有超过30万千克石油漏入海洋。

石油，是工业的血液，对人类的经济发展具有巨大的推动作用！而一旦石油泄露于海洋，遮住了海洋的脸，那么带给世界的，就可能是一场巨大的灾难！

石油泄露会给世界带来灾难

 迷你知识卡

扇贝
双壳类软体动物的代称，约有400余种。该科的60余种是世界各地重要的海洋渔业资源之一，壳、肉、珍珠层具有极高的利用价值。

原油
即石油，也称黑色金子，是一种粘稠的、深褐色（有时有点绿色的）液体。是石油刚开采出来未经提炼或加工的物质。地壳上层部分地区有石油储存。
它由不同的碳氢化合物混合组成，其主要组成成分是烷烃，此外石油中还含硫、氧、氮、磷、钒等元素。不过不同油田的石油成分和外貌可以有很大差别。

图说人类的健康与环境

第12章 食品安全
——我们已进入了"食毒时代"

1. "不安"的食品企业
2. 纽约"泔水奶"风波
3. 由乱到治的日本
4. 致命汉堡
5. "金米"骗局
6. "三鹿奶粉事件"
7. "肯德基苏丹红事件"

"不安"的食品企业

1906年以前，美国几乎没有对国内生产的食品药品进行监管的联邦法则。

1906年2月美国作家厄普顿·辛克莱尔出版了"扒粪运动"时代最恶心的一本书——揭露肉制品企业黑幕的《丛林》。

这本书里面曾经写道："仲夏的毒辣太阳照在这块可憎之地，上万头牛发着恶臭，蒸腾出传染病菌，工厂里血流成河，整车的鲜肉和刷墙的大桶、煮肥皂的大锅以及装肥料的大罐放在一起，那恶臭就像是地狱。"

书里说有工人得了肺结核，往地上吐痰，其他人就拖着猪肉在地上走来走去，工人们看到装肉的铲车里有死老鼠都懒得拣出来。有个工人不慎掉入绞肉机，拣出来的尸骨只有几小块，其他部分都混合着猪肉制成了"德汉姆牌纯净猪油"。

据说当时美国总统西奥多·罗斯福看到这段文字时正在吃早餐，

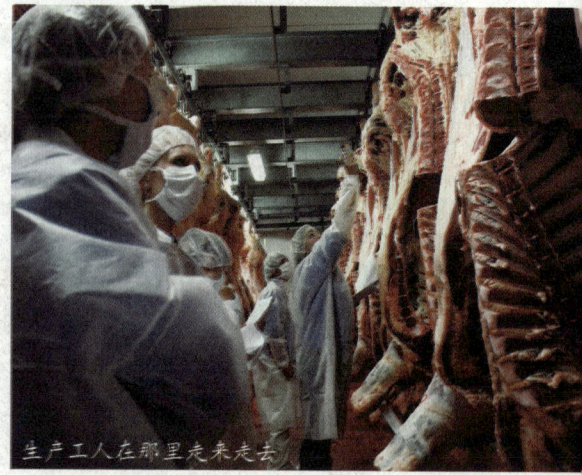

生产工人在那里走来走去

他"大叫一声，跳起来，把口中尚未嚼完的食物吐出来，又把盘中剩下的一截香肠用力抛出窗外"，甚至有传言说这位总统从此变成了一位素食主义者。

当年，美国国会即通过了两部法律：《纯净食品和药品管理法案》以及《肉类检查法案》，并组建了由11名专家学者组成的班子，形成了美国食品药品监督管理局(FDA)的雏形。

纽约"泔水奶"风波

每一年的4月22日是"世界地球日"。

19世纪中叶，美国开始将农业和食品生产工业化。"泔水奶"风波让人们第一次认识到，食品安全可以成为威胁一个城市甚至一个国家所有居民生命的重大问题。

当时，大量外来人口涌入纽约，大批新生儿诞生，而快节奏的都市生活又使得许多年轻妈妈无法

被污染的牛奶

靠自身乳汁哺育儿女，牛奶的需求量与日俱增。

由于尚无可靠的保鲜技术，纽约的牛奶仅能依靠邻近地区，鲜奶供需缺口高达20%以上，物以稀为贵，牛奶的价格也水涨船高。

只几年工夫，纽约市场鲜奶供应量就由每天8.5万升飙升至11.5万升，奶价也变得平稳。一些精明的

商人将牛奶产业规模化，并将促销重点对准新生儿市场，还打出了"儿童卫生奶"的堂皇旗号。在上层官员的推动下"儿童卫生奶"迅速普及到全纽约，许多广告吹嘘说它是"最卫生的牛奶"、"营养赛过母乳"。

但这一切不过是个骗局，《莱斯利画报》揭露了"儿童卫生奶"的真相。原来，当奶商发现牛奶供不应求，牛奶产量很难大幅度提高后，就动起了歪脑筋。

他们给奶牛喂酒糟，以刺激其多产奶，这些奶牛几百头一群被关在狭小的空间内，四肢固定，用减少活动量的方法催乳，许多牛因食物中毒和缺乏运动导致牙齿和尾巴脱落、乳房溃烂，甚至蛆虫遍体，浑身是病，但黑心商人们却不管不顾，将这些病牛产的奶供应市场。随着供需缺口进一步拉大，黑心商人又想出更绝的招数：他们将污水、臭鸡蛋、淀粉等各种杂物掺入原本已经有问题的奶中，再加进石膏、蜂蜜和其他药物以清除异味，由于加工过的奶和鲜奶的味道有明显不同，他们便以"儿童卫生奶"的名义促销。正是靠这些卑劣手段，奶农和不法奶商将纽约市场的牛奶供应量在几年内提升了25%。

1858年夏天，事态终于扩大了。纽约一年居然夭折了8 000个婴儿，而且大多是喝"儿童卫生奶"的孩子。

社会越来越关注，《莱斯利画报》也终于在一家牛奶厂找到了确凿证据，证明在纽约销售的"儿童卫生奶"实际上是"泔水奶"。随

婴儿用的"泔水奶"

后，《莱斯利画报》将"泔水奶"产、供、销的链条黑幕完整地呈现在公众面前，引起全城轰动。

由乱到治的日本

20世纪初，日本人发现富山县的水稻突然都变成了"侏儒"，长不高。1931年，这种怪病终于传染到了人的身上，许多当地妇女出现腰疼、关节痛的症状。

几年后，这些患者全身骨痛，呼吸困难，到了晚期，骨骼软化、萎缩，就连咳嗽都能引起骨折，患者常常大叫"痛死了"！于是这种疾病就被称为"痛痛脖"。

直到二战结束之后，日本的医学界才发现，"痛痛脖是因为富山县的神通川上游矿山废水排放引起的镉中毒。高浓度的废水污染了水源，用这些水浇灌的稻田种出来的就是"镉米"。此后，患者开始了漫长的索赔之路，并在1972年胜诉。

相对于"痛痛脖"，"水俣脖"这个名字更为人所熟知。日本水俣镇一家醋酸合成厂使用含汞的物质作为催化剂，然后随废水排入

富山县

大海，而且那个时期正好日本农业大量使用含汞的杀螨农药，这些农药也随着河流汇入水俣镇附近的大海中，污染了整个海湾的海洋生物，当地人食用鱼类后，便中毒。

1955年，日本森永奶粉公司在加工奶粉时使用的添加剂是几经倒手的非食品用原料，其中砷含量较

高,结果造成12 000余名儿童发热、腹泻、肝肿大、皮肤发黑,最终130名儿童死亡。为此森永公司负担了6亿多日元的赔偿费用。

事情并未到此结束,14年后的调查表明,多数受害者有不同程度的后遗症,在事发20年后,原森永奶粉公司的负责人再次被判3年徒刑,森永公司也再次承担了约3亿日元的责任赔偿。

近年,有关中国的地沟油流入市场的新闻不时出现。上世纪60年代,日本也出现过一次"地沟油"危机。当时,台湾商人和日本商人勾结,将日本的"地沟油"搜集提炼后,制成食品出口到台湾。

那时日本已经有了《食品卫生法》,并很快阻止地沟油外流。

致命汉堡

上世纪80年代,全世界对食品安全的关注都集中在食品添加剂和农药化肥的残留上,而对致病微生物的危害只字未提。

实际上,今天世界上规模最大的食品安全事件,大多与食物中的

致命汉堡

细菌或病毒有关。而让它们具有如此大杀伤力的，依然是工业化的大规模生产。

1994年，美国41个州22万人因为感染沙门氏菌而致被某个品牌的冰激凌导致了这场灾难。但让人震惊的是，让这么多人同时发病的根源，仅仅是一辆运输蛋液的槽车未经消毒。一辆车里的细菌最终污染了全美国的冰激凌。这样的事故在食品工业化之前是不可想象的。

2001年，泰森食品公司与世界上最大的鲜牛肉和猪肉供应商IBP公司合并，两家公司合并后成为世界上最大的肉类供应商，控制了世界上28%的牛肉、25%的鸡肉和18%的猪肉。

这样大规模的集中化养殖意味着动物将在拥挤的火车车厢里或长途卡车的后面长距离运输。

饲养场里的一头牛可能在墨西哥降生，然后运到美国喂养大，再运到墨西哥去屠宰，成块的牛肉远涉重洋运到日本，在那里加工成食品，再卖到欧洲。

来自不同养殖场的牛挤在一节车厢里，它们各自身上携带的致病微生物会互相传播。而屠宰后的鲜肉也堆放在一起，这都是"危险的接触"。

2007年秋季的一天，一位美国明尼苏达州的儿童舞蹈教师斯蒂芬妮·史密斯突然感到胃部疼痛、痉挛。第一天她强撑着上完课；第二天就出现了腹泻带血、肾脏衰竭的症状。

为阻止病情恶化，医生只能用药物让她处于昏迷状态。9个星期后她终于醒来，却发现自己再也不能

被污染的牛肉

走路了——她的神经系统遭到破坏，腰部以下失去知觉，从此只能与轮椅为伴。

让她瘫痪的，只是一个她妈妈亲手做的汉堡。汉堡所用的牛肉馅携带大肠杆菌，大肠杆菌毒素穿透结肠壁，破坏血管并造成血栓，最终导致癫痫甚至瘫痪。

"金米"骗局

1984年以来，洛克菲勒基金会每年会提供400万美元用于改善稻米基因的研究。德国科学家英戈·波特利库斯和彼得·拜尔利用这笔资金创造出了"金米"。

据说这种转基因水稻含有铁和胡萝卜素，可以在人体内转化为维生素A。很快，美国的杂志上就出现了"金米"的大幅广告，广告中一位黑人小女孩幸福地吃着金米做成的食物，宣传口号是"金米可以帮助发展中国家的居民防治失明和贫血"。

可是许多人都不知道，这个时候"金米"还没有大规模种植的可能性。

金米

绿色和平组织经过简单的计算，就指出这是一个骗局，因为一个成年人至少要吃掉9千克"金米"才能得到每日所需的维生素A，所谓"金米"不过是"生物技术工业正在利用饥饿的儿童推广一种尚无定论的产品，这是可耻的。这不是为了解决儿童失明问题，而是为了解决农业公司的公关问题"。

被污染的水稻

美国的生物学家玛丽恩·内斯特尔认为，先不去管"金米"对人体是有益还是有害，这种宣传本身就将食品和政治联系了起来，就像美军空投到阿富汗的那些食物，只是做做样子，真正需要的人根本拿不到，美军希望看到的效果只是"我们扔给他们食物"。她说："毫无疑问，生物技术公司希望借助金米进行宣传，让公众能接受转基因食品。"

就连洛克菲勒基金会主席戈登·康威也承认，食品工业在夸大"金米"的作用："食品工业已经将金米作为转基因食品推广运动的一部分。"

自从我们吃的不再是爸爸在地里种出来、妈妈在厨房里做出来的食物时，我们就把食品安全托付给了他人。

是否该由政府和商家共同来保障食品的安全？我们能够做的，就是理解食品安全的意义不仅仅是"煮熟、冷冻、清洁、分开"，无论是什么，放进嘴里前都要先好好想一想。

"三鹿奶粉事件"

2008年6月28日，位于兰州市的解放军第一医院收治了首例患"肾结石"病症的婴幼儿，据家长们反映，孩子从出生起就一直食用河北石家庄三鹿集团所产的三鹿婴幼儿奶粉。7月中旬，甘肃省卫生厅接到医院婴儿泌尿结石病例报告后，随即展开了调查，并报告卫生部。随后短短两个多月，该医院收治的患婴人数就迅速扩大到14名。

9月11日除甘肃省外，陕西、宁夏、湖南、湖北、山东、安徽、江西、江苏等地都有类似案例发生。

9月11日晚卫生部指出，近期甘肃等地报告多例婴幼儿泌尿系统结石病例，调查发现患儿多有食用三鹿牌婴幼儿配方奶粉的历史。经相关部门调查，高度怀疑石家庄三鹿集团股份有限公司生产的三鹿牌婴幼儿配方奶粉受到三聚氰胺污染。卫生部专家指出，三聚氰胺是一种化工原料，可导致人体泌尿系统产生结石。

9月11日晚，石家庄三鹿集团股份有限公司发布产品召回声明称，经公司自检发现2008年8月6日前出厂的部分批次三鹿牌婴幼儿奶粉受到三聚氰胺的污染，市场上大约有70万千克。为对消费者负责,该公司决定立即对该批次奶粉全部召回。

9月13日党中央、国务院对严肃处理三鹿牌婴幼儿奶粉事件作出部署，立即启动国家重大食品安全事故I级响应，并成立应急处置领导小组。

9月13日，卫生部党组书记高强在"三鹿牌婴幼儿配方奶粉"重大安全事故情况发布会上指出，"三鹿牌婴幼儿配方奶粉"事故是一起重大的食品安全事故。三鹿牌部分批次奶粉中含有的三聚氰胺，是不法分子为增加原料奶或奶粉的蛋白含量而人为加入的。

◤ "肯德基苏丹红事件"

2005年3月15日，上海市相关部门在对肯德基多家餐厅进行抽检时，发现新奥尔良鸡翅和新奥尔良鸡腿堡调料中含有"苏丹红一号"成分。16日上午，百胜集团上海总部通知全国各肯德基分部，"从16日开始，立即在全国所有肯德基餐厅停止售卖新奥尔良鸡翅和新奥尔良鸡腿堡两种产品，同时销毁所有剩余调料。"

3月16日下午，百胜发表声明，宣布新奥尔良烤翅和新奥尔良烤鸡

三聚氰胺

腿堡调料中被发现含有"苏丹红一号",并向公众致歉。百胜表示,将严格追查相关供应商在调料中违规使用"苏丹红一号"的责任。

3月17日,北京市食品安全办紧急宣布,该市有关部门在肯德基的原料辣腌泡粉中检出可能致癌的"苏丹红一号",这一原料主要用在"香辣鸡腿堡"、"辣鸡翅"和"劲爆鸡米花"三种产品中。

期间还发生了消费者持发票向肯德基索赔时遭遇刁难的情况。对此,肯德基的解释是,这是他们自查的结果:3月17日肯德基在记录中发现宏芳香料(昆山)有限公司提供的含苏丹红的辣椒粉也用在了这三种调料中。

随后,他们采取紧急措施,用现存经过验证不含苏丹红的调料取代原来的调料。恰恰在这时,3月18日,北京有关部门抽查到了这批问题调料。19日向媒体公布,责令停售。

 **迷你知识卡**

居室污染危害

1. 建筑装潢装饰材料中所含有害物质的污染:各种新型木质建材如胶合板、油漆、涂料、粘合剂等会不断释放出甲醛。甲醛为细胞原浆毒物,可经呼吸道、消化道及皮肤吸收,对皮肤有强烈的刺激作用,可引起组织蛋白的凝固、坏死,对中枢神经系统有抑制作用,也是肺致癌物。装修中使用的各种溶剂、粘合剂可造成苯、甲苯、二甲苯、三氯乙烯等挥发性有机物的污染。

现代居室装修材料的污染严重

2. 厨房污染:炊事燃烧时各种燃料在供氧不充分条件下不完全燃烧,生成大量多环芳烃,而食用油与鱼、肉等食品一起在高温下能生成烃类、醛类、羧酸、杂环胺等200多种物质。

3. 卫生间、下水道散发出的硫化氢、甲硫醇等也会使人发生慢性中毒反应。

4. 化妆品、日用化学品和化学制品的污染。

5. "电子雾"污染:空调、彩电、计算机、冰箱、复印机、移动电话、对讲机等电子产品在使用中都不同程度地产生电磁波——"电子雾"。"电子雾"会使人头痛、疲乏、神经质、睡眠不安,影响儿童发育。

图说人类的健康与环境

第13章 雾霾
——最新的"环境杀手"

1. 雾与霾
2. 霾与雾的区别
3. 雾霾危害健康
4. 北京雾霾"比糟糕透顶更糟"
5. 雾霾来时的自我防护
6. 环境保护的重要性
7. 与烟雾病有关的基因
8. 治理雾霾多国有高招

雾与霾

雾霾是雾和霾的组合词。因为空气质量的恶化,阴霾天气现象出现增多,危害加重。中国不少地区把阴霾天气现象并入雾一起作为灾害性天气预警预报。统称为"雾霾天气"。

雾霾,顾名思义是雾和霾。但是雾是雾,霾是霾,雾和霾的区别很大。

二氧化硫、氮氧化物和可吸入颗粒物这三项是雾霾主要组成,前两者为气态污染物,最后一项颗粒物才是加重雾霾天气污染的罪魁祸首。它们与雾气结合在一起,让天空瞬间变得灰蒙蒙的。颗粒物的英文缩写为PM,北京监测的是PM2.5,也就是直径小于2.5微米的污染物颗粒。这种颗粒本身既是一种污染物,又是重金属、多环芳烃等有毒物质的载体。

城市有毒颗粒物来源:首先是汽车尾气。使用柴油的大型车是排

城市的毒颗粒物来源于污染

雾

放PM2.5的"重犯",包括大公交、各单位的班车,以及大型运输卡车等。使用汽油的小型车虽然排放的是气态污染物,比如氮氧化物等,但碰上雾天,也很容易转化为二次颗粒污染物,加重雾霾。

其次是北方到了冬季烧煤供暖所产生的废气。

第三是工业生产排放的废气。比如冶金、机电制造业的工业窑炉与锅炉,还有大量汽修喷漆、建材生产窑炉燃烧排放的废气。

第四是建筑工地和道路交通产生的扬尘。

雾是由大量悬浮在近地面空气中的微小水滴或冰晶组成的气溶胶系统,多出现于秋冬季节,这也是2013年1月份全国大面积雾霾天气的原因之一,是近地面层空气中水汽凝结或凝华的产物。

雾的存在会降低空气透明度,使能见度恶化,如果目标物的水平能见度降低到1 000米以内,就将悬浮在近地面空气中的水汽凝结或凝华物的天气现象称为雾;而将目标物的水平能见度在1 000～10 000米的这种现象称为轻雾或霭。

形成雾时大气湿度应该是饱和

的如有大量凝结核存在时,相对湿度不一定达到100%就可能出现饱和。

由于液态水或冰晶组成的雾散射的光与波长关系不大,因而雾看起来呈乳白色或青白色。

霾是由空气中的灰尘、硫酸、硝酸、有机碳氢化合物等粒子组成的。它也能使大气浑浊,视野模糊并导致能见度恶化,如果水平能见度小于10 000米时,将这种非水成物组成的气溶胶系统造成的视程障碍称为霾或灰霾,香港天文台称烟霞。

霾与雾的区别

在于发生霾时相对湿度不大,而雾中的相对湿度是饱和的。如有大量凝结核存在时,相对湿度不一定达到100%就可能出现饱和。一般相对湿度小于80%时的大气混浊视野模糊导致的能见度恶化是霾造成的,相对湿度大于90%时的大气混浊视野模糊导致的能见度恶化是雾造成的,相对湿度介于80~90%之间时的大气混浊视野模糊导致的能见度恶化是霾和雾的混合物共同造成的,但其主要成分是霾。霾的厚

霾

度比较厚,可达1~3千米左右。

霾与雾、云不一样,与晴空区之间没有明显的边界,霾粒子的分布比较均匀,而且灰霾粒子的尺度比较小,从0.001微米到10微米,平均直径大约在1~2微米左右,肉眼看不到空中飘浮的颗粒物。由于灰尘、硫酸、硝酸等粒子组成的霾,其散射波长较长的光比较多,因而霾看起来呈黄色或橙灰色。

雾霾形成有三个要素:一是生成颗粒性扬尘的物理基源。我国有世界上最大的黄土平高原地区,其土壤质地最易生成颗粒性扬尘微粒。

二是运动差造成扬尘。例如,道路中间花圃和街道马路牙子的泥

土下雨或泼水后若有泥浆流到路上，一小时干涸后，被车轮一旋就会造成大量扬尘，即使这些颗粒性物质落回地面，也会因汽车不断驶过，被再次甩到城市上空。

三是扬尘基源和运动差过程集聚在一定空间范围内，颗粒最终与水分子结核集聚成霾。目前来看，在我国黄土平高原地区350多座城市中，雾霾构造三要素存量相当丰裕。

雾和霾相同之处都是视程障碍物。但雾与霾的形成原因和条件却有很大的差别。雾是浮游在空中的大量微小水滴或冰晶，形成条件要具备较高的水汽饱和因素。

出现雾时空气相对湿度常达100%或接近100%。雾有随着空气湿度的日变化而出现早晚较常见或加浓，白天相对减轻甚至消失的现象。出现雾时有效水平能见度小于1千米。当有效水平能见度1～10千米时称为轻雾。

"'雾'和'霾'实际上是有区别的。"国家气候中心气候系统监测室高级工程师孙冷指出，雾是指大气中因悬浮的水汽凝结、能见度低于1公里时的天气现象；而灰霾的形成主要是空气中悬浮的大量微粒和气象条件共同作用的结果，其成因有三：在水平方向静风现象增

霾的产生原因

图说人类的健康与环境

霾

多。城市里大楼越建越高，阻挡和摩擦作用使风流经城区时明显减弱。静风现象增多，不利于大气中悬浮微粒的扩散稀释，容易在城区和近郊区周边积累；

垂直方向上出现逆温。逆温层好比一个锅盖覆盖在城市上空，这种高空的气温比低空气温更高的逆温现象，使得大气层低空的空气垂直运动受到限制，空气中悬浮微粒难以向高空飘散而被阻滞在低空和近地面。

空气中悬浮颗粒物的增加。随着城市人口的增长和工业发展、机动车辆猛增，污染物排放和悬浮物大量增加，直接导致了能见度降低。

实际上，家庭装修中也会产生粉尘"雾霾"，室内粉尘弥漫，不仅有害于工人与用户健康，增添清洁负担，粉尘严重时，还给装修工程带来诸多隐患。

随着空气质量的恶化，阴霾天气现象出现增多，危害加重。中国不少地区把阴霾天气现象并入雾一起作为灾害性天气预警预报。统称为"雾霾天气"。

其实雾与霾从某种角度来说是有很大差别的。譬如：出现雾时空气潮湿；出现霾时空气则相对干燥，空气相对湿度通常在60%以下。其形成原因是由于大量极细微的尘粒、烟粒、盐粒等均匀地浮游在空中，使空气混浊，有效水平能见度小于10千米。

霾的日变化一般不明显。当气团没有大的变化，空气团较稳定时，持续出现时间较长,有时可持续10天以上。由于阴霾、轻雾、沙尘暴、扬沙、浮尘、烟雾等天气现象,都是因浮游在空中大量极微细的尘粒或烟粒等影响致使有效水平能见度小于10千米。有时使气象专业人员都难于区分。

必须结合天气背景、天空状况、空气湿度、颜色气味及卫星监测等因素来综合分析判断,才能得出正确结论,而且雾和霾的天气现象有时可以相互转换的。

雾霾危害健康

霾在吸入人的呼吸道后对人体有害,长期吸入严重者会导致死亡。

最近一项大型的国际研究又有证实,说是接触过某些较高空气污染物的孕妇,更容易产下体重不足的婴儿,而低出生体重的婴儿很容易增加儿童死亡率和疾病的风险,并且与婴儿未来一生的发育及健康都有很大关系。

这项研究合并了来自美国、韩国和巴西等9个国家和地区的14个研究中心所提供的300万名新生婴儿的数据,它侧重于两类有害的空气污染物,直径小于2.5微米和小于10微米的可吸入颗粒物,即PM2.5和PM10,这些微粒来自工业和交通运输燃烧的化石燃料以及木柴的燃烧,但是同时也包括尘埃和海盐微粒。

通过研究人员的计算,PM10每增加10微克每立方米,婴儿出现体重不足的几率就会增加3%,并且其体重的总平均值减少3克,PM10的中间值在14个中心之间发生变化。

从加拿大温哥华的12.5微克每立方米,到韩国汉城的66.5微克每

雾霾对健康产生危害

立方米，结合PM2.5暴露的信息，随着每个中心暴露在可吸入颗粒物中的水平增加，婴儿低出生体重的几率增加10%。

◩ 北京雾霾"比糟糕透顶更糟"

曾经的伦敦雾霾

中国大面积区域近期遭遇罕见强度的雾霾天气，PM2.5值监测器被称几近"爆表"。雾蒙蒙的城市、戴着口罩的行人、网络上流传的黑色幽默随着这些与北京雾霾有关的元素持续在世界媒体上传播，中国这个经济巨人在世界舆论场上变得灰头土脸。

中国首都北京大约有2 000万居民，由于雾霾中的有毒化学物质，北京市环境监测中心在两天内发出两次警告，建议居民尽量避免出门。北京市环境监测中心还督促政府官员不要用车，为市民做出减少空气污染的榜样。

文章引述新华社的报道说，北京朝阳区医院和北京市儿童医院的医生透露，过去几天中，呼吸道疾病的患者数量急剧上升。

美国驻北京大使馆的空气质量监测仪器停止工作，因为空气质量污染程度已经超过仪器上的最高值。当时美国驻华使馆异常惊慌，在推特上称，北京的空气污染程度为"糟糕透顶"。据称那天的PM2.5浓度为522。而500被认为是污染值域的顶峰。

《国际先驱论坛报》还引述一位北京网民的话说，这是北京有记录以来空气污染最严重的日子，他紧闭家里的门窗，许多居民家中都打开了空气净化器。

◩ 雾霾来时的自我防护

雾霾天气少开窗，雾霾天气不主张早晚开窗通风，最好等太阳出来再开窗通风。

如果外出可以戴上口罩，这样

可以有效防止粉尘颗粒进入体内。
口罩以棉质口罩最好，因为一些人
对无纺布过敏，而棉质口罩一般人都
不过敏，而且易清洗。外出归来，
应立即清洗面部及裸露的肌肤。

桐桔梗茶有清火滤肺尘功能，可
以有效的协助人体排出体内积聚的
PM2.5颗粒物及其他有害物质。具
体可参考桐桔梗茶的百度百科介绍。

冬季雾多、日照少，由于紫外
线照射不足，人体内维生素D生成
不足，有些人还会产生精神懒散、
情绪低落等现象，必要时可补充一
些维生素D。

雾天的饮食宜选择清淡易消化
且富含维生素的食物，多饮水，多
吃新鲜蔬菜和水果，这样不仅可补
充各种维生素和无机盐，还能起到
润肺除燥、祛痰止咳、健脾补肾的
作用。少吃刺激性食物，多吃些
梨、枇杷、橙子、橘子等清肺化痰
食品。

雾霾天气是心血管疾病患者的
"健康杀手"，尤其是有呼吸道疾
病和心血管疾病的老人，雾天最好
不出门，更不宜晨练，否则可能诱

雾天对人体的危害

发病情，甚至心脏病发作，引起生
命危险。

之所以说雾天是心血管疾病患
者的"危险天"，是因为起雾时气
压低，空气中的含氧量有所下降，
人们很容易感到胸闷，早晨潮湿寒
冷的雾气还会造成冷刺激，很容易
导致血管痉挛、血压波动、心脏负
荷加重等。

同时，雾中的一些病原体会导
致头痛，甚至诱发高血压、脑溢血
等疾病。因此，患有心血管疾病的
人，尤其是年老体弱者，不宜在雾
天出门，更不宜在雾天晨练，以免
发生危险。

◤ 环境保护的重要性

黄土平高原地区的城市应该以
防范颗粒性扬尘污染为环境保护第

一要义。但纵观我国黄土平高原的各大中城市，防范扬尘构造的有意识设计几乎为零。例如，为了最大限度降低市区汽车车轮和路面尘埃的接触频率和面积，应将花圃和马路牙子做得比汽车通行的路面低，这样雨浆水和污染洒水就会从马路中间流向花圃下的土壤。

然而遗憾的是，我们在350座城市很少观察到这种防范颗粒型扬尘污染的设计。同样，为了最大限度隔绝城外车辆和施工车辆带来扬尘，可以在城外带尘车辆，运煤车和其他长途车等。

入城时在城市关口收费站边设立喷水清洗轮胎、底盘的环节，在城内施工车辆进入马路时设立遮盖和清洗轮胎、底盘的环节，但很多城市往往只有入城后的终端罚款机制而没有入城时的清理预防机制。

可见，城市基础设施建设缺乏扬尘构造治理要求，缺乏预防机制的行为才是构成雾霾形成的第一源头，施工工地和经济发展数量及规模仅仅是二阶污染。

我国不少城市环境治污目标仍然偏离颗粒性雾霾治理。多年来，我们在环境治污方面向西方标准看

环境保护对治理雾天有利

齐,如长期把欧2、欧3、欧4甚至欧5标准付诸监管细则,不符合上述排污尾管标准的车辆不能出厂,不达标的烟囱推倒、迁移,但这些管理细则只是对气体性污染有效。对于颗粒性污染大户——黄土平高原地区污染构造形成的任何理解,几乎仍在我们城市管理部门的理解能力之外。

同时,雾霾的出现还在于在深层制度的缺失。长期以来,我国城建基础设施和园林绿化招投标过程都是"手拉手"式的场外交易,招来招去都是那几个关系实体,外部先进的管理和竞争技术以及环境保护、污染治理观念进不到这种半公开式的双边交易过程来。

雾霾其实是这种深层制度缺失后长期累积的外观现象。

治理雾霾不能单是环境保护部门的任务,地方政府和中央政府都应该尽快建立符合中国地理现实的防治颗粒型污染通则和落实细则,督促城市管理部门和建设部门按照标准落实,并尽快将上述细则落实到城市建设、园林绿化招投标过程

治理雾霾应该减少环境污染

中,开放相关关联要素市场,推动施工单位、部门按照环保理念施工建设。

与烟雾病有关的基因

日本研究人员在新一期《美国人类遗传学杂志》季刊上发表论文说,他们发现了一个与烟雾病有关的基因,如果一个人体内的这个基因出现变异,那么他患烟雾病的风险会大大高于普通人。

日本东北大学、山口大学等院校的研究人员采集了约70名烟雾病

患者和约460名正常人的DNA，然后进行对比。结果发现，多数烟雾病患者体内的一种叫"RNF213"的基因发生了变异。进一步的研究显示，体内"RNF213"基因发生变异的人患烟雾病的风险是普通人的约190倍。

烟雾病又称脑底异常血管网症或自发性基底动脉环闭塞症。患该病后，异常增生的血管在脑血管造影片上显示为脑底部模糊不清的网状阴影，形态如同烟囱冒出的袅袅炊烟，所以这种疾病1969年被东京大学形象地命名为烟雾病。

烟雾病是一种难治之症，患者患脑中风的风险非常高。研究人员认为，今后如果能够了解"RNF213"基因的具体功能，或许有助于预测脑中风风险，并开发出预防脑中风的方法。

治理雾霾多国有高招

西方发达国家在工业化时期曾出现"雾霾"天气。在英语中，"雾霾"一词产生于上世纪50年代初，由"烟"和"雾"组合而成。

1952年12月英国曾出现持续5天的"大雾霾"天气，主要原因是英国进入工业高速发展期后伦敦地区的工厂大量使用煤炭，排放的大量废气形成极浓的灰黄色烟雾。长期以来，西方国家在治理"雾霾"方

"雾都"伦敦

面采取了许多应对措施,积累了值得借鉴的经验。

美国环保署在1997年7月率先提出将PM2.5作为全国环境空气质量标准,并在2006年对标准进行了完善——实现对全国环境空气质量24小时监测,并在政府官网上公布当天PM2.5监控结果和次日的预报数据。

由欧盟环境署主办的"吹起改变欧盟空气政策之风"研讨会,标志着"2013年——欧盟空气年"系列活动开始,"空气年"活动旨在促使欧盟于今秋出台新的改善空气质量的政策文件。

意大利米兰市对污染最严重汽车征税,工作日7时至19时,污染严重的汽车必须缴纳2至10欧元税才能进入市区。罗马实行"绿色周日"活动,只有电动汽车等环保车才能上街行驶。

到了20世纪80年代,交通污染已取代工业污染,成为伦敦空气污染的首要来源。英国政府出台一系列举措对小汽车尾气排放进行严格限制,同时大力推广新能源汽车、公共交通和自行车交通。

德国在治理空气污染方面主要有三大战略:首先是制定空气质量标准,出台相关法律法规及污染防治方案;其次是用技术等手段限制污染物排放,包括关停污染源;三是完善监管机制,针对具体污染物给出排放上限。与此同时,德国联邦政府还积极促进能源转型,促进清洁能源的开发,减少对传统能源的依赖。

通过治理还给我们晴朗的天空

迷你知识卡

过滤器

输送介质管道上不可缺少的一种装置,通常安装在减压阀、泄压阀、定水位阀或其他设备的进口端,用来消除介质中的杂质,以保护阀门及设备的正常使用。

图书在版编目（CIP）数据

图说人类的健康与环境 / 阚男男，王颖编著. ——长春：吉林出版集团有限责任公司，2013.4

（中华青少年科学文化博览丛书 / 沈丽颖主编. 环保卷）

ISBN 978-7-5463-9520-3-02

Ⅰ. ①图… Ⅱ. ① …②王… Ⅲ. ①环境影响—健康—青年读物②环境影响—健康—少年读物Ⅳ. ① X503.1-49

中国版本图书馆CIP数据核字（2013）第039533号

图说人类的健康与环境

作　　者 / 阚男男　王颖
责任编辑 / 张西琳
开　　本 / 710mm×1000mm　1/16
印　　张 / 10
字　　数 / 150千字
版　　次 / 2012年12月第1版
印　　次 / 2021年5月第3次

出　　版 / 吉林出版集团股份有限公司（长春市福祉大路5788号龙腾国际A座）
发　　行 / 吉林音像出版社有限责任公司
地　　址 / 长春市福祉大路5788号龙腾国际A座13楼　邮编：130117
印　　刷 / 三河市华晨印务有限公司

ISBN 978-7-5463-9520-3-02　　　定价 / 39.80元

版权所有　侵权必究　举报电话：0431-86012893